萌萌的玻璃瓶微景观

［日］胜地末子　著

王方方　译

北京出版集团公司

北京美术摄影出版社

透 明 玻 璃 瓶 中 的 植 物 小 世 界

玻璃微型景观瓶起源于19世纪的伦敦，
在植物栽培和动物饲养中也得到广泛运用。
因为是在盒子里形成的自然环境，移动起来也很方便，
是点缀生活、增添情趣的一大利器。

在我刚开始经营我的小店的时候，微型景观瓶就慢慢开始流行了起来。
最近市面上又大量出现了微型景观的器皿和杂货，
就能够更方便地近距离观赏、把玩了。
而且这不仅是单纯的植物如何摆放，
还有如何挑选现成的容器，如何将流木或软木、各种干燥材料等原材料完美组合，
越来越多的人也开始体会到这些充满创意的手作乐趣。

写本书的时候，我第一次加入了苔藓植物和兰科植物。
和多肉植物类似，兰花的根系和伪鳞茎也是多肉质的，对我来说非常有吸引力。
而青苔则是去清凉的山间旅行时随处可见的小景，将它移入微型景观瓶中，
感受它那神秘却又强大的生命力，也是无比治愈呢！

只要稍微了解一些小诀窍，人人都能够轻松制作玻璃微型景观瓶。
并非一定要用专门的容器，
身边随手拿一个密封瓶或者糖罐就可以开始第一次尝试了。
透过玻璃细细品味瓶中那片迷你沙漠或热带雨林，
尽管微小，却依然能够真切感受到植物对环境超强的适应能力和生命力。
如果读者朋友们可以在阅读本书后体会到玻璃瓶微景观的乐趣，
那就是我最大的荣幸。

胜地末子

目录

ulent plants

第 1 章
_____

用多肉植物制作景观瓶

浇水周期很长、

成长速度很慢的多肉植物

非常适合玻璃微型景观瓶。

对不同造型与质感的多肉植物

进行混栽，更是别有一番趣味。

如果将多肉植物与其他素材精心组合，

则可以创造出类似自然景观的模拟世界。

01 ［多肉植物］

在透过窗纱的散射光映照下的淡绿色多肉植物

圆圆的造型不管从哪个角度看都很可爱。
挂在窗边时为了避免阳光直射，
需要遮挡一层窗纱。

A库珀天锦章 B春萌 C知更鸟 D水草泥 E松鳞
容器：水滴形玻璃微型景观瓶（直径170 mm×高170 mm）

① 容器底部铺上根部防腐剂和松鳞。为了保证从下往上看也很漂亮，建议使用松鳞而不是泥土。

② 加入少量泥土，从花盆中取出春萌，清理干净泥土后用镊子小心地放入玻璃瓶内部较深处。

—— 小贴士 ——

由于容器瓶口很窄，为了方便养护，多肉的种类不需要很多，也要尽量避免比较复杂的造型。

③ 在春萌的前方种上知更鸟和库珀天锦章。

④ 最后使用勺子等工具在空隙处填入水草泥。

02 ［多肉植物］

装饰杂货之
迷你玻璃罩

在被剪掉的根长出来之前，
或者根还很短的时候，推荐使用这种装饰方法。
还可以根据心情随时更换，
就如同装饰杂货，十分有趣。

A 紫丽殿 B 巴黎王子 C 棕榈皮 D 水苔 E 胧月
容器：玻璃罩（长410 mm × 宽140 mm × 高200 mm）

① 将紫丽殿从花盆中取出，轻轻抖落根部的泥土，随后用水苔将根包裹住。

② 用棕榈皮将水苔层层围住，不让水苔显露出来。其他多肉植物也可以采用同样的方法进行处理。

③ 用订书机将棕榈皮进行固定，大约需要4颗钉子。注意不要伤到多肉的根。

—— 小贴士 ——

因为容器比较封闭，为了改善通风性，应使用水苔和棕榈皮而不是泥土。等多肉长出根后可以更换其他多肉植物。

03 [多肉植物]

以仙人掌为主的
紧凑型混栽

在较小的培养皿中
混栽几款几乎不会
纵向生长的仙人掌。
用软木模拟岩石进行造景。

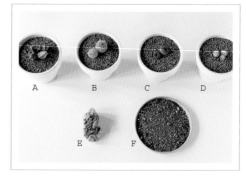

A剑龙角 B紫太阳 C小型士童 D红小町 E软木 F混合营
养土
容器：培养皿（直径110 mm×高90 mm）

① 在培养皿底部铺上根部防腐剂和混合营养土，再放上软木。

② 先将最大的剑龙角从花盆中取出，用笔辅助镊子将其种在软木的一侧。

③ 一边观察布局平衡，一边将其他体形较小的多肉植物（紫太阳、小型士童、红小町）种入培养皿中。种好后用笔将混合营养土整平。

_____ 小贴士 _____

仙人掌十分耐高温，无论是夏天还是冬天放在室内都很容易存活。记得每天打开一次培养皿盖子进行通风换气。

succulent plants

04 ［多肉植物］

欣赏如同绘画般的
平行组合世界

选择两个小巧的薄型玻璃景观瓶并列摆放。
从侧面可以观察土壤的高低起伏，
以及泥土、石块的分布变化，
制作过程充满趣味。

A薄冰 B霜之朝 C（左）姬胧月，（右）虹之玉 D鲁本
E混合营养土 F轻石 G高砂之翁（缀化）H绒针
容器： 薄型玻璃景观瓶（长120 mm×宽50 mm×高120 mm）

—— 小 贴 士 ——

因为使用小型的玻璃景观瓶，所以可以用细的喷嘴对着植物根部喷水。喷水的时候要小心不要溅起泥渍弄脏容器。

① 在一个玻璃景观瓶中按顺序铺上根部防腐剂、轻石和混合营养土，用镊子将薄冰种在右侧。

② 种入绒针，使其呈现草丛般的状态，在左侧种入缀化的高砂之翁。

③ 使用漏斗将土填入空隙中。没有漏斗的话可以用透明塑料板卷成。

④ 在另一个玻璃景观瓶中铺上冰岛地衣，营造出多个层次，最后用笔将土整平。用笔是为了实现更自然的效果。

succulent plants

05

[多肉植物]

用身边随手可得的瓶子
体验泥土分层的乐趣

不仅是植物的多变姿态,
泥土砂石的多彩分层
也是只有透过玻璃景观瓶
才能观赏到的妙事。

A轻石 B松鳞 C巴丝柳 D砂 E冰岛地衣
容器:密封玻璃瓶(直径110 mm×高250 mm)

① 先在玻璃瓶底部铺上根部防腐剂,然后按顺序依次铺上砂、轻石、冰岛地衣和松鳞。

② 将巴丝柳从花盆中取出,用镊子将其插入瓶中,再多放些松鳞将根部和土壤掩埋。

06 [多肉植物]

倒置下垂的
丝苇

使用培育风信子等水培植物的玻璃瓶，
将多肉倒着放置。
球根花卉的花季过后，
试试这个别出心裁的小技巧吧！

A水苔 B冰岛地衣 C朝之霜 D鱼线
容器：水培玻璃瓶（直径100 mm×高200 mm）

① 将朝之霜从花盆中取出，用水苔包裹住根部。

② 用冰岛地衣完全包裹住水苔，最后用鱼线固定。

③ 为了防止破坏朝之霜，用纸将其包裹后插入放置水培植物球根的水培玻璃瓶中，使其通过底部洞口。随后移除纸张，再整体放入大玻璃瓶中。浇水的时候只需要将苔藓部分直接浸入水中即可。

07 [多肉植物]

用咖啡壶就可以轻松制作的 简易玻璃景观瓶

厨房里随手可取的容器
也可以用来制作微型景观。
用手冲咖啡壶装饰餐桌或橱柜
可谓天衣无缝。

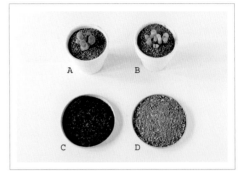

A（左）招福玉，（右）福来玉 B风铃玉 C熏炭 D混合
营养土（熏炭比例稍高的混合土）
容器：手冲咖啡壶（直径110 mm×高200 mm）

① 在手冲咖啡壶底部铺上根部防腐
剂和熏炭。

② 加入混合营养土，种入多肉。因
为风铃玉比较容易散开，所以种
入时务必小心仔细。

③ 使用漏斗，小心地将混合营养土
空隙填满，注意不要撒到多肉植
物上。

___ 小贴士 ___

福来玉、招福玉、风铃玉
都是冬型种的多肉植物，
在休眠阶段要控制浇水，
并根据季节变化调整浇水
频率。夏季每隔两周浇一
次水，冬季则为5日一次。

succulent plants

08 [多肉植物]

汇聚各种十二卷多肉的
长条形微型景观瓶

十二卷属的多肉植物晶莹剔透，
这次共选择 6 种一并种入。
布局则顺应树枝的弧度。

A树枝 B松塔掌 C祝宴 D白斑玉露锦 E混合营养土 F梦殿 G玉扇 H玉露
容器：微型景观玻璃盒（长460 mm×宽150 mm×高150 mm）

① 将树枝放入微型景观玻璃盒中。尽量选择弯曲的树枝，这样更有趣味。

② 在玻璃盒中铺上根部防腐剂和混合营养土，将白斑玉露锦种在中间略靠右的位置。

③ 一边观察布局平衡，一边将其他多肉植物种入玻璃盒中。将松塔掌种在靠近白斑玉露锦的位置，在视觉上会比较平衡。

④ 全部种完后，在空隙处填满混合营养土，避免暴露根部。

小贴士

十二卷属比起其他多肉植物需要的水分更多。建议每5天浇一次水。移植后也应立刻浇水。

succulent plants

09 [多肉植物]

纵向伸展的多肉
十分具有观赏性

只用水苔和软木简单搭建的
玻璃微型景观瓶。
因为没有泥土，
所以就可以不受拘束地放在任何地方。

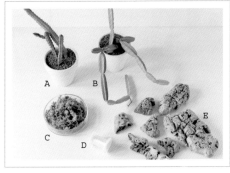

A铁锡杖 B翡翠阁 C水苔 D鱼线 E软木
容器：玻璃花瓶（直径140 mm×高300 mm）

① 将翡翠阁从花盆中取出，用水苔包裹住根部，外层再用软木夹住，最后用鱼线固定。

② 在玻璃花瓶底部铺上小块的软木，以确保多肉的根部不会直接接触到花瓶底部。然后放入大块的软木，调整好角度。

③ 以同样的方式用软木包住铁锡杖，随后错落有致地放入玻璃瓶中。

10 [多肉植物]

简单却又灵动的配置

重点突出主要的多肉植物，
将其种植在一侧而不是最中间，
与次要植株相呼应，营造出平衡之美。
可以配合矮脚凳，或者直接放在地板上
也非常适合。

A混合营养土 B银叶 C广寒宫
容器：玻璃花瓶（直径250 mm×高230 mm）

① 在玻璃花瓶底部铺上根部防腐剂和混合营养土。将广寒宫从花盆中取出，种在玻璃花瓶中间略偏一点的位置。

② 围绕着广寒宫四周种上银叶进行点缀。浇水的时候注意不要直接浇在叶片上，可以使用喷嘴对着植物根部喷水。

—— 小贴士 ——

广寒宫的叶片表面有一层白粉，如果沾水或用手触碰的话很容易破坏掉，因此务必小心。

23

11 ［多肉植物］

使用倾斜的容器，
再现沙滩般的迷人景致

将原本直立的玻璃罩倾斜放置，
利用铺满棕榈皮的培养皿盖子做底座维持平衡。

A月花美人 B祇园之舞 C绒针 D白银之舞 E粉色回忆
F日出 G混合营养土 H砂石
容器：玻璃罩（直径140 mm×高150 mm）

① 首先确定玻璃罩倾斜的角度，将
其固定，随后平整地铺上根部防
腐剂和混合营养土。底座可以铺
上棕榈皮或其他材料。

② 将主花月花美人从花盆中取出，
使用镊子将其种在中间部分。

③ 再依次从内向外种入祇园之舞、
绒针、白银之舞、粉色回忆以及
日出，最后填入砂石铺平。

_____ 小 贴 士 _____

将容器倾斜放置的话也需
要特别留心混合营养土的
放法。在将多肉植物种进
去之前应先确定土层是否
与地面保持平行。

succulent plants

12 [多肉植物]

别致的立方体造型容器，
不同的观赏角度带来
不同的美学体验

看似倾斜的容器却拥有非常特别的存在感。
追求体积感的极致平衡，
营造充满纵深感的微型景观。

A白檀 B若绿 C扇雀 D黑丽丸 E富士砂 F混合营养土
G桑树枝
容器：立方体造型玻璃景观瓶（长150 mm×宽150
mm×高150 mm）

① 混合根部防腐剂和混合营养土，随
后加入约一成富士砂，充分混合后
铺在玻璃景观瓶底部。混合的砂
土颗粒较粗，排水性能良好。

② 首先将有一定体积和高度的白檀
从花盆中取出，种在最外侧（靠下
方），随后在其上方种入黑丽丸。

③ 在合适的位置放入桑树枝，在黑
丽丸的一侧种上扇雀。

④ 将若绿分成两株，分别种在两个
不同的位置。最后使用漏斗将富
士砂铺在土壤表面。

—— 小贴士 ——

针对倾斜的容器，铺砂土
时必须格外注意是否平
整。另外，在最外侧（靠
下方）先种入体积较大的
多肉植物，在视觉上也会
显得比较平衡。

succulent plants

13 [多肉植物]

利用仙人掌和砂石
营造纯美的素色雪景

主花"残雪之峰"刺座上的白色绒毛很像雪花。
砂石给人干燥的印象，
与上品雅致的素色系仙人掌十分相称。

A般若 B白桦麒麟 C残雪之峰 D砂石
容器：房屋造型玻璃景观箱（长210 mm×宽130 mm×
高220 mm）

① 在玻璃景观箱底部铺上根部防腐剂和砂石，从花盆中取出残雪之峰，种在中间偏一侧的位置。

② 使用镊子，在中间部分种上般若，随后在其一侧种上白桦麒麟。

③ 用笔刷将落在仙人掌上的砂石掸掉，最后用笔故意做出砂石的自然高低差和曲线。

—— 小贴士 ——

排水性能良好的砂石虽然
非常适合微型景观造景，
但由于缺少营养，所以还
是需要时常施以稀释后的
液体肥料。

succulent plants

14 [多肉植物]

玻璃罩中的
盆栽小世界

使用轻石制成的盆栽容器，
再放入玻璃罩中。
即使植物种类很单一，
轻石容器的质感也能带来耳目一新的观感。

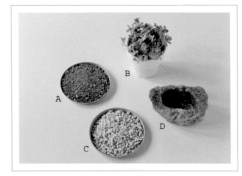

A混合营养土 B玄海岩莲华 C珊瑚石 D 盆栽用轻石
容器：木质花盆与玻璃罩组合（直径200 mm×高250
mm）

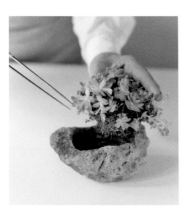

① 选用容器形状的盆栽用轻石，在其中铺入混合营养土，随后将玄海岩莲华从花盆中取出，种入混合营养土中。

② 用镊子整理玄海岩莲华，将伸出在外的茎叶收回容器内。

③ 在玻璃罩中铺上珊瑚石，然后将种好玄海岩莲华的轻石放入玻璃罩中。最后再与木质花盆进行组合。

----- 小贴士 -----

因为使用排水性能良好的轻石做容器，所以底部不铺根部防腐剂也没有关系。

15 [多肉植物]

用高低不同的琉桑
体验布局的乐趣

使用充满自然风味的白色木质容器，
再添以石块与珊瑚的天然质感。
参差不齐的琉桑充满造景之趣，
而容器中的大量留白更显成熟雅致。

A凝蹄玉 B长刺武藏野 C绵叶琉桑 D石块 E混合营养土
F珊瑚石
容器：白色木材混搭玻璃景观容器（直径190 mm×高
270 mm）

①　在容器底部铺上根部防腐剂和混合营养土，随后在中央偏外侧放入石块。

②　分别从花盆中取出3株绵叶琉桑并种入容器中。布局上应注意观察视觉平衡，以三角形造型为佳。

③　将凝蹄玉和长刺武藏野种在靠前位置，最后在混合营养土上仔细铺上珊瑚石。

—— 小贴士 ——

在种植多株不同尺寸的同种类多肉植物时，按顺序从最大最高的植株种起，比较容易控制平衡感。

succulent plants

16 ［多肉植物］

四种长生草属植物的
混搭栽培

冬型种的多肉植物夏季休眠、秋冬生长，
可放在一起混栽。
注意流木与多肉植物之间的布局平衡，
即使从上往下欣赏也极具美感。

A流木 B利帕瑞 C灰绿镜 D红酋长 E卷绢 F混合营养土 G
石块
容器：玻璃罐（直径190 mm×高260 mm）

① 仔细观察流木造型，决定放置方
向，随后将其放在玻璃罐的中央
位置。

② 在玻璃罐底部铺上根部防腐剂和
少量混合营养土，再放入石块，
注意布局平衡。

③ 使用镊子，将多肉植物种在流木
与石块的缝隙中。

④ 撒入剩余的混合营养土。为了防
止撒在多肉叶片上，可以使用塑
料片漏斗。每天揭开一次玻璃罐
盖子进行换气。

―――― 小贴士 ――――

冬型种多肉植物的保养方
法与夏型种不同，因此不
可混合栽种在一起。冬型
种对水分要求很低，无须
经常浇水。

air plants

第 2 章

用空气凤梨制作景观瓶

大部分空气凤梨呈淡淡的雾色，

可以很好地与家居环境融为一体。

有的空气凤梨叶片笔直伸展，

有的却弯弯曲曲，

形状独特而又千变万化。

轻巧灵活、充满空气感的造型，

若与树枝等其他材料相互配合，

能够轻松打造极具特色的立体景观。

17 ［空气凤梨］

将几个最简单的玻璃瓶并排摆放，
即使是小件杂货
也能让人心情愉快

使用厨房中存放香料或五谷杂粮的
密封瓶营造轻松气氛。
可以随意更换瓶内物品，或增减玻璃瓶数量。
软木塞更是点睛之笔。

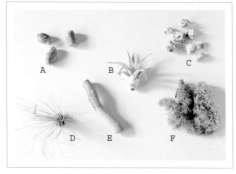

A树果 B哈里斯 C石块 D富奇思 E—小截树枝 F冰岛地衣
容器：带软木塞的玻璃瓶（直径80 mm×高210 mm）

① （照片最左侧的玻璃瓶）在玻璃
瓶底铺上石块和树果，随后用镊
子放入冰岛地衣。

② 将一小截树枝斜斜地插入瓶中。

③ 使用镊子，将哈里斯放在树枝的
根部。

④ 将富奇思放在树枝顶部，使其看
起来如同挂在树枝上一样。

—— 小 贴 士 ——

每天将玻璃瓶的软木塞盖
子打开一次进行换气，时
间不用太长。如果使用植
物以外的物品多装点几个
同款玻璃瓶再并排摆放，
则会显得格外可爱。

18 ［空气凤梨］

与修剪过的多肉植物
混合呈现

在玻璃烛台中同时放入多肉和空气凤梨
进行点缀，
既可以做挂饰也可以放在桌面作为装饰。
与藤蔓相互缠绕，十分灵动活泼。

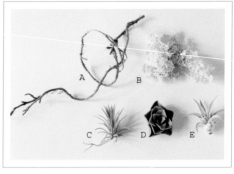

A藤蔓（大西洋常春藤） B冰岛地衣 C小精灵 D纽伦堡
珍珠 E哈里斯
容器：玻璃烛台（直径100 mm×高170 mm）

① 在玻璃烛台底部铺上冰岛地衣，
随后将大西洋常春藤的藤蔓通过
盖子上的洞口放入玻璃烛台中。

② 使用镊子，从侧面将哈里斯放在
冰岛地衣上，将小精灵缠绕在藤
蔓上。最后放入纽伦堡珍珠。

19 [空气凤梨]

绿意轻轻低垂的
吊灯装饰

将空气凤梨
插入不再使用的吊灯灯头，
松萝叶片透迤缠绕的线条感
给人非常柔美的印象。

A扁担西施 B细铁丝 C粗铁丝 D松萝
容器：旧吊灯（直径150 mm×高220 mm）

① 将3株扁担西施用细铁丝绑住根部，捆扎在一起。

② 将步骤①的成品填入旧吊灯的灯头部分，并用粗铁丝进行固定。

③ 将松萝缠绕在粗铁丝固定部分进行遮挡，随后罩上玻璃灯罩。浇水时也无须取出。

※吊灯千万不可以接入电源。

20 [空气凤梨]

清新凉爽的绿色，
即使放在厨房也非常适合

在大型广口柠檬水罐中
错落有致地放入空气凤梨，
制作一个小小的立体植物园。
用来装饰厨房或餐厅是个不错的选择。

A小三色 B树枝 C费西古拉塔 D冰岛地衣 E流木片 F富奇
思 G多国花 H薄纱 I细铁丝
容器：广口柠檬水罐（直径180 mm×高310 mm）

① 在广口柠檬水罐的底部铺上流木片，然后随意地放入冰岛地衣，使绿色显露出来。

② 用细铁丝将薄纱绑在树枝中央附近，竖着将树枝放入罐中。

③ 从大到小依次放入小三色、多国花、费西古拉塔，同时要注意视觉平衡。

___小贴士___

对于薄纱等根部不会暴露的空气凤梨，悬挂在空气中比放置在桌上更适合。

21 [空气凤梨]

在 珊 瑚 石 上
呈 现 最 自 然 的 风 貌

利用珊瑚石上天然形成的坑洼，
配合灵动的空气凤梨，
营造动静皆宜的自然景色。

A大三色 B萝莉 C松萝 D细树枝 E砂石 F小蝴蝶 G香花
矮树猴
容器：玻璃罩形状景观瓶（直径180 mm×高180 mm）

① 将砂石铺在玻璃底盘上，随后把珊瑚石放入其中，尽量注意造型优美。

② 用水苔仔细包裹住香花矮树猴的根部，在水苔上涂上热熔胶，快速粘贴在珊瑚石的坑洼处。

③ 在盘子边缘装点些细树枝，围绕着珊瑚石依次放入大三色、萝莉、松萝和小蝴蝶，注意视觉平衡。

———— 小 贴 士 ————

如何维持整体平衡感有一个小诀窍，那就是将体积各不相同的空气凤梨组合摆放。没有正面和背面的区分，无论从哪个角度观赏都具有美感。

air plants

24 ［空气凤梨］

用空气凤梨模拟海草，
各类材料灵活混搭，
巧妙组合

选一种形状非常有特点的卡诺，
与各种材料组合造景，
呈现出海底般的奇妙景象。

A卡诺 B石块 C树枝 D干蘑菇 E干铁兰 F木板
容器：玻璃钥匙收纳箱（长280 mm×宽80 mm×高180 mm）

① 将木板贴着玻璃钥匙收纳箱的后背板竖着置入底部。收纳箱的金属挂钩也是景观的一部分，不需要刻意隐藏。

② 用干铁兰铺在容器底部，然后随意地放上石块和树枝。

③ 使用镊子，将7株卡诺一起插入同一个石块缝隙中，再加上干蘑菇作为装饰。整理枝条，使得整体看起来如同从缝隙中生长出来一样。

―――― 小贴士 ――――

根据笔直舒展的卡诺的线条决定摆放位置。不要一株一株地插，一次性地将所有枝条一同插入才能显得自然。

air plants

25 ［空气凤梨］

仿照园林造景，
以石块作底，
加以电烫卷等空气凤梨

大块的石头随意叠放，
容器中就形成了多个空隙，
改善通风环境，更利于植物生长。

A大三色 B香花矮树猴 C电烫卷 D石块
容器：玻璃花瓶（直径210 mm×高170 mm）

① 在玻璃花瓶中放入3块大石块，使其自然重叠。也可以使用流木代替石块，只需立体交叉摆放，同样可以起到通风的作用。

② 将香花矮树猴和电烫卷放置在石块之间。注意摆放方向，以横向斜放正面朝外为佳。

③ 最后使用镊子放入大三色。大三色的叶片伸出瓶口也没有问题。

air plants

26 [空气凤梨]

配合干花，
制作精美的花束景观瓶

与干花混搭，
衬托娇艳花色，
如捧花般别致优雅。
用来馈赠他人也是相当讨喜。

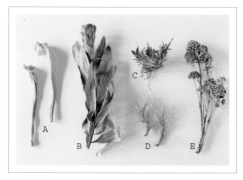

A瓶子草 B帝王花 C带花小精灵 D小狐狸尾 E八角金盘
果实
容器：纵长型玻璃景观容器（直径140 mm×高300 mm）

① 将纵长型玻璃景观容器横放使
用。首先放入最大的帝王花。

② 使用镊子，将八角金盘果实和瓶
子草放在帝王花上。

③ 在最底部放入小狐狸尾，最后在
偏上方位置放入带花小精灵。

MOSS

第 3 章

用苔藓制作景观瓶

比起日晒充足的环境，

苔藓更喜欢在背阴却又明亮的地方生长。

所以，可以尽情装饰在室内任何地方，

无论什么季节，都能够欣赏那一抹清新的绿色。

只要保持足够的湿润，

玻璃瓶中水滴弥漫的样子也能美不胜收。

27 ［苔藓］

简单的球形造型，却更能体会苔藓的魅力

看起来很难的苔藓球，
其实出乎意料的简单，
只需要包一块球形泥土就可以搞定。
圆溜溜的造型娇俏玲珑，
惹人喜爱。

A水草泥 B纤枝短月藓 C鱼线
容器：附盖儿玻璃罐（直径90 mm×高170 mm）

① 将水草泥倒入碗中，加入水后进行搅拌，随后用手将湿泥揉搓成球。

② 在步骤①做成的泥球上均匀地贴上纤枝短月藓，将泥球包裹住。

③ 用鱼线进行固定，苔藓球制作完成。

④ 在玻璃罐底部铺上根部防腐剂和水草泥，最后放入苔藓球。

28 [苔藓]

从侧面看也美美的
铺层方法

把玻璃瓶横过来也是很不错的点子。
从侧面看也美美的,
排水也完全不成问题。
从瓶口观赏也别有一番情趣。

A蛇苔 B爱尔兰苔藓 C松鳞 D杉树皮 E长肋青藓 F鹿沼土
容器:密封瓶(长130 mm×宽130 mm×高180 mm)

① 将密封瓶侧放,先铺上根部防腐剂和鹿沼土,随后使用镊子铺上爱尔兰苔藓。

② 依次铺上松鳞和杉树皮至密封瓶一半高度,逐渐出现层次。

③ 使用镊子将蛇苔铺在密封玻璃瓶靠近底部的位置。

④ 在蛇苔的四周以及密封瓶瓶口部分铺上长肋青藓。

⑤ 因为两种苔藓的叶片形状不同,成品显得比较活泼。用喷雾器加湿时还可以观察水滴扩散的样子,十分有趣。

___ 小贴士 ___

杉树皮产于山区,与苔藓共生性很高,是很不错的基材。同时它还具有保持湿润的效果。

MOSS

29 [苔藓]

让人情不自禁想要
一窥究竟的迷你世界

这是一款使用店内非常受欢迎的
悬挂式玻璃瓶制作的玻璃景观瓶。
将它挂在窗边或玄关上，
虽然不大，
却也能平添一种乐趣。

A杉树皮 B捕蝇草 C曲尾藓
容器：悬挂式玻璃瓶（直径120 mm×高120 mm）

小贴士

请挂在明亮的背阴处，避免挂在有阳光直射的窗边。几个悬挂式玻璃瓶一同装饰的话也非常可爱。

① 在悬挂式玻璃瓶底部铺上根部防腐剂和杉树皮，将捕蝇草从花盆中取出，抖落多余泥土后用镊子将其种入玻璃瓶中。

② 从内向外铺上曲尾藓，最后使用镊子的尖头轻压整理。

30 ［苔藓］

黑松与苔藓球混搭，
营造如同盆景般的装饰效果

将盆景中常见的黑松插入苔藓球中，
透过玻璃感受庄重严肃的日式审美情趣，
颇为新鲜。

A杉树皮 B黑松 C大灰藓 D石块
容器：纵长款玻璃罩景观瓶（直径140 mm×高260 mm）

① 将黑松从盆中取出，轻轻抖落多余泥土，随后用杉树皮包裹根部进行保护。

② 用大灰藓再一次包裹根部，形成球状。

③ 用黑线缠绕进行固定整形，最后整体放入铺着石块的玻璃瓶中。

小贴士

苔藓球非常容易干燥，根据季节变化，最少也应每两天一次将其浸入水中，使其充分吸水。

31

［苔藓］

持续观赏大桧藓
生机勃勃的动感身姿

考虑到大桧藓会不断向上生长，
所以选择纵向空间充足的烧瓶。
用木片取代软木塞，
更具自然情趣。

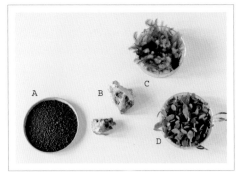

A水草泥 B石块 C大桧藓 D伏石蕨
容器：三角形烧瓶（直径170 mm×高280 mm）

① 在三角形烧瓶底部铺上根部防腐剂，随后加入水草泥。

② 使用镊子，将两块石块分别放在中心点附近。

小贴士

随着大桧藓的生长，叶片
有可能会变黄，此时可以
对叶片进行修剪。

③ 在石块近旁种入伏石蕨，轻压根部，使其牢固。

④ 在与伏石蕨相对的位置种入大桧藓。

32 ［苔藓］

透过微型雨林
感受生命的呼吸

选择几款比苔藓高出很多的
蕨类植物混合栽培，
营造充满野趣的自然雨林风景。
宛如一个有生物居住其中的奇妙世界。

A 兔脚蕨 B 狮子叶铃虫剑 C 疏叶卷柏 D 水草泥 E 梨蒴珠藓
容器：屋形玻璃景观容器（长320 mm×宽220 m×高
420 mm）

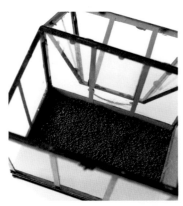

① 在容器底部铺上根部防腐剂和水草泥。

② 从花盆中取出兔脚蕨，无须去掉泥土，直接种入容器中。

③ 用同样的方法种入狮子叶铃虫剑，注意视觉上的平衡。随后将疏叶卷柏种在兔脚蕨附近。

④ 用梨蒴珠藓铺满各植株之间的空隙。平时可以偶尔打开盖子进行通风换气。

——— 小 贴 士 ———

制作的时候可以尝试一边想象自然雨林环境，一边创造蕨类植物根部逐渐爬满青苔的场景。以兔脚蕨为中心，沿着容器边缘依次添加其他植物，营造充满自然野趣的空间。

33 [苔藓]

猪笼草与苔藓的组合，质感不同，别具一格

食虫植物猪笼草也是
与苔藓十分和谐的一种植物。
玻璃容器中湿度高，
所营造的景色充满热带风情。

A水草泥 B大灰藓 C猪笼草
容器：水滴形玻璃景观容器（直径130 mm×高220 mm）

① 在水滴形玻璃景观容器底部铺上根部防腐剂和水草泥，随后种入花盆中取出的猪笼草。

② 用勺子等工具补充水草泥，将猪笼草的根部牢牢固定在泥土中。

③ 使用镊子，仔细铺上大灰藓。猪笼草的叶子一旦变黄，须从叶片根部剪除。

34 ［苔藓］

还原大自然中和谐共生的
不同种类植物

培育爪莲华的过程中，
随着时间流逝逐渐在四周长出了青苔。
连同自然生长的杂草整个进行移栽，
天然清新。

A水草泥 B丛藓（依附于爪莲华生长）
容器：多面体造型的玻璃景观瓶（长160 mm×
宽160mm×高160 mm）

① 在容器底部铺上根部防腐剂和水草泥。

② 将爪莲华和丛藓从花盆中取出，整块种入容器中。

③ 使用勺子，仔细地在四周补上水草泥，既要能够掩埋根部，又要注意不要撒落到植物上。

35 [苔藓]

使用身边随处可见的玻璃瓶
带来不经意的小惊喜

将细长的玻璃瓶横放，
表面种上两种苔藓。
可以放在玻璃桌面的下方，
从上往下不经意地低头就可以看到。

A砂苔 B石韦 C鹿沼土 D地钱
容器：带瓶盖的玻璃瓶（长310 mm×宽140 mm×高
100 mm）

① 在玻璃瓶底部铺上根部防腐剂和鹿沼土，用尺子或其他工具托着砂苔，小心地放入瓶子最深处，注意不要破坏砂苔。

② 在鹿沼土上挖一个洞，随后将花盆中的石韦取出，用镊子将其种在洞中。

③ 在石韦前方放上地钱。浇水时可以使用喷壶，从瓶口向内喷水，充分湿润。

36 [苔藓]

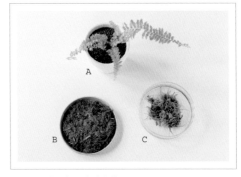

使用橄榄油瓶做容器，特别适合放在厨房

将分株后的肾蕨
与苔藓一同放入橄榄油瓶中。
细长的瓶身十分适合
放置在厨房的小角落里。

A肾蕨 B杉树皮 C长肋青藓
容器：橄榄油瓶（直径100 mm×高130 mm）

① 在橄榄油瓶的底部铺上根部防腐剂和杉树皮，随后将肾蕨从花盆中取出，抖落根上的泥土，使用镊子，将其种入瓶中。

② 在肾蕨的四周铺上长肋青藓。由于瓶口很小，即使敞开瓶盖也可以维持瓶内湿度。

37 [苔藓]

铁线蕨与长满青苔的
枯树枝的组合

如果有一根长满青苔的枯树枝，
就可以动手制作景观瓶了。
铁线蕨作为观叶植物十分受欢迎，
这样的装饰则比平时多了些不同的趣味。

A杉树皮 B包氏白发藓 C铁线蕨 D枯树枝（长满苔藓）
容器：古董玻璃瓶（长140 mm×宽100 mm×高310
mm）

① 在古董玻璃瓶底部铺上根部防腐剂和杉树皮，将铁线蕨从花盆中取出，抖落多余泥土，随后种入瓶中。

② 使用镊子，将包氏白发藓放入瓶中，堆积成茂密的小山形状。

③ 斜斜地插入长满苔藓的枯树枝。

④ 为了能够盖上瓶盖，树枝的长度应不高于古董玻璃瓶高度。

_____ 小贴士 _____

如果使用广口瓶制作苔藓
微景观，一定要把瓶盖盖
上。采用喷雾器浇水，浇
水的时候打开瓶盖换气。

38 [苔藓]

充分展示瓶子草的
修长线条

瓶子草是沼泽地带的植物，
非常适合与苔藓混栽。
选择能够突出植物细长线条的容器，
给人凛然肃穆的感觉。

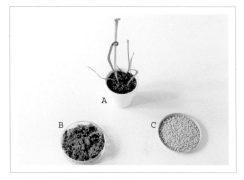

A瓶子草 B纤枝短月藓 C鹿沼土
容器：纵长型的玻璃景观容器（长130 mm×
宽130 mm×高300 mm）

① 在纵长型的玻璃景观容器底部铺
上根部防腐剂和鹿沼土。

② 将瓶子草从花盆中取出，使用镊
子，连同泥土一起种入容器内，
与鹿沼土充分混合。

③ 从内向外仔细铺上纤枝短月藓，
不要留有空隙。

—— 小贴士 ——

凡是种植苔藓，都必须在
刚种完后立刻浇足够多的
水。只有水分充足，苔藓
才能固定成活。

39 ［苔藓］

使用日式器皿与珊瑚石营造日本庭院景观

如果与陶制碗碟配合使用，
玻璃景观瓶也会给人非常日式的印象。
珊瑚石也是营造日式庭院风的一大利器。
成品可以放在和室房间或木板走廊上用作装饰。

A狼尾蕨 B珊瑚石 C杉树皮 D羽藓 E羽枝青藓 F包氏白发藓
容器：陶碟与玻璃罩（直径180 mm×高270 mm）

① 在陶碟中铺上根部防腐剂和浸湿的杉树皮。

② 放入珊瑚石，随后用喷壶将其全部喷湿。

③ 从花盆中取出狼尾蕨，轻轻抖落多余泥土，用手轻轻按住，将其固定在珊瑚石上。

④ 喷湿羽藓和羽枝青藓，以同样的方式一边用手按住一边固定在石块上。随后将包氏白发藓铺在珊瑚石四周。

⑤ 对于体形较小的羽枝青藓，可以借助镊子将其插入珊瑚石的坑洼缝隙处。全部完成后再喷一次水，最后罩上玻璃罩。

— 小贴士 —

选择凹凸不平的石块是将植物固定的关键。表面粗糙的话苔藓也更容易固定，看起来就像天然长在上面的一样。

orchid

第 4 章

用兰花制作景观瓶

兰花因其优雅美丽的花朵而深受人们喜爱。

其实，它的肉质厚叶和伪鳞茎独特的造型

也让它成为微型景观瓶中的常客。

兰花是植物中进化比较缓慢的一类，正因如此，

无论是附生在树木上，还是扎根在泥土中，

它都掌握了适应各种环境的生存之道。

因此，即使在玻璃容器中，它也可以十分茁壮地成长。

orchid

40 ［兰花］

选用恰当的容器衬托兰花
娇小玲珑的可爱身姿

选用与原种相近的小型兰花为主花，
白色花瓣中隐约可见一抹粉色。
水滴形容器反射的光线纷繁复杂且迷人，
映衬得兰花格外娇俏。

A松鳞 B大灰藓 C澳洲石斛
容器：水滴形玻璃景观容器（直径160 mm×高290 mm）

① 在容器底部铺上根部防腐剂，将澳洲石斛从花盆中取出，轻轻抖落泥土后种入容器中。

② 以石斛根部为中心铺上足够多的松鳞，使根部深深埋入松鳞中。

③ 使用镊子，铺上大灰藓。最后吊挂在光线明亮的室内，并避免阳光直射。

―――― 小贴士 ――――

因为在兰花四周种上了苔藓，所以可以很好地保持一定的湿度。因此，浇水不可过量，要等土壤完全干燥后再浇水。

41 [兰花]

一次汇集两种颜色的兜兰，非常适合馈赠亲友

轻盈灵动的疏叶卷柏与
兰花交相辉映，十分可爱。
使用蜡纸和麻绳封住瓶口，
就是很不错的送礼佳品。

A兜兰（绿色） B兜兰（红色） C疏叶卷柏 D大灰藓
E水苔 F松鳞
容器：玻璃罐（直径200 mm×高380 mm）

① 在玻璃罐底部铺上根部防腐剂和松鳞。

② 将两株不同颜色的兜兰分别从花盆中取出，轻轻抖落多余泥土，用水苔将根部完全包裹后种入容器中。

③ 将疏叶卷柏从花盆中取出，并分成3株备用。

④ 将分株后的疏叶卷柏根部的泥土轻轻抖落，随后包上水苔，并用镊子将它们种在兜兰周围3个不同的位置。

⑤ 在空隙处种入大灰藓。最后用预先开好气孔的蜡纸封住罐口。

小贴士

不同的兰花也有不同的特性。兜兰并不是附生而是地生植物，因此需要将其种入泥土中。

42 [兰花]

烛台中
充满个性的兰花

这是类似于多肉植物的观叶兰。
使其附着在椰子上，
并放入轻便简洁的烛台中，
是一款十分别致的挂饰。

A椰子壳切片 B毛兰 C麻绳 D水苔
容器：烛台（直径150 mm×高290 mm）

① 将毛兰从花盆中取出，清除根部泥土，随后用水苔进行包裹。

② 用手拉扯椰子壳切片的内侧纤维，使其变得柔软蓬松。

③ 用麻绳将水苔包裹着的毛兰绑在椰子壳上，随后整体放入烛台中。

___ 小 贴 士 ___

水苔不能只包裹根须，应尽可能多地包裹住毛兰的整个根部，这样才有利于根部的稳定，同时起到保持水分的作用。

orchid

43 [兰花]

不同品种的兰花
采用不同的布置方法，
这样的组合才更生动有趣

在同一个微景观中同时培育
适合挂着的品种和适合摆放的品种。
拥有不错的立体感，
可以作为主要摆件放置在起居室。

A迪黛丽 B足柱兰 C软木 D水苔 E金属丝 F麻绳
容器：屋形玻璃景观容器（长210 mm×宽140 mm×高
250 mm）

① 用锥子在一块软木的顶部扎两个
洞眼，穿入金属丝后固定。

② 在同一块软木的侧面也扎两个洞
眼，穿入麻绳，为系上迪黛丽做
准备。

③ 将迪黛丽从花盆中取出，清除原有
水苔（切除已经变色的根部）。

④ 用软木上的麻绳将步骤③中的迪
黛丽扎在软木上。

⑤ 将软木上的金属丝弯曲后挂在容
器顶部，使步骤④中的成品自然
垂下。使用同样的方法处理足柱
兰，并放置在铺着软木的屋形玻
璃景观容器底部。

小贴士

将足柱兰从花盆中取出
后，先用水苔仔细包裹
根部，然后再缠绕在软木
上，便于附生。

orchid

44 [兰花]

连蝴蝶兰的根部
都成为风景的一部分

如果手头正好有蝴蝶兰，
不妨试试这个方法。
不需要造型非常完美的植株，
半成品的蝴蝶兰就已经足够。

A蝴蝶兰 B贴有花盆透气网的木框 C水苔 D麻绳
容器：花瓶（直径180 mm×高500 mm）

① 将蝴蝶兰从花盆中取出，清除根部所有泥土（松鳞）。

② 剪除已经变黑的根，只留下干净健康的根。

③ 为了保持水分，用水苔仔细包裹根部，无法固定的水苔无须保留。

④ 用麻绳将步骤③的成品捆扎固定在贴有花盆透气网的木框上，随后将整体放入花瓶中。

⑤ 网的透气性极强，兰花的根可以很好地缠绕其中，并将逐渐从网眼中伸出。

小贴士

浇水时只需要将整个成品从花瓶中取出，用喷雾器对准蝴蝶兰根部喷水。等彻底干燥后再放回容器中。

89

orchid

45 [兰花]

用意面瓶
就能轻松实现的小心思

选择3株体形娇小的澳洲石斛散落放置。
造型关键在于充分利用软木的凹凸，
无论从哪个角度都兼顾视觉平衡。

A水苔 B澳洲石斛 C软木
容器：意面瓶（直径100 mm × 高300 mm）

① 用热熔胶将2~3块软木连接在一起，形成一条细长的基石。

② 将3株澳洲石斛从花盆中取出，尽可能多地用水苔包住根部。

③ 用钉枪在部分水苔上打钉，将澳洲石斛固定在软木上，随后放入瓶中。注意不要伤到澳洲石斛根部，以一株打1~2个钉为宜。

46 [兰花]

适合用来
点缀书房的木盒

尾萼兰别名"公主的眼泪"，
让人联想到纯洁美丽的仙女。
与木盒相互映衬，则会显得稳重成熟。
可以与古董物件并排摆放，装饰书房。

A水苔 B大灰藓 C火红尾萼兰 D黑线
容器：装饰盒（长170 mm×宽170 mm×高420 mm）

① 将火红尾萼兰从花盆中取出，去除多余的泥土，用水苔将根部包裹住。

② 事先用水将大灰藓浸湿。在水苔外再包裹一层大灰藓，从上往下用黑线轻轻捆扎固定。随后放入装饰盒中。

47 [兰花]

利用树枝的特殊造型
创造原生态的自然景观

选用缠着大西洋常春藤藤蔓的树枝。
为了充分展示最自然的动感造型，
故意让树枝和藤蔓跳脱在外，
自然伸展。

A澳洲石斛"绿爱" B华彩文心兰 C树枝 D堇花兰 E大
灰藓 F水苔 G麻绳 H长满青苔的树枝
容器：装饰盒（长240 mm×宽240 mm×高470 mm）

用同样的方法在同一根树
枝的偏上方固定堇花兰。
然后将华彩文心兰绑在另
一根树枝上。两根树枝并
排放置，营造纵深感。

① 将澳洲石斛从花盆中取出，清除
掉附着在根上的水苔。

② 在整理干净的根部重新包上新鲜
水苔。

③ 用麻绳将处理完毕的澳洲石斛的
根部绑在树枝的下方。

④ 用大灰藓遮住麻绳打结的部位。
点缀上苔藓之后，澳洲石斛就会显
得如同自然生长在树枝上一样。

succulent plants

[多肉植物]

air plants

[空气凤梨]

moss

[苔藓]

orchid

[兰花]

第5章

玻璃景观瓶的
基础知识与植物图鉴

简单几步就可以完成，

与各种室内装饰风格都能很好地融合，

轻轻松松就能用绿色点缀日常生活，

这就是玻璃景观瓶的优势。

本章将介绍基础造景方法中的重点、

浇水等日常养护要点、

器皿与工具，以及养护过程中的常见问题。

文末还有适用于玻璃景观瓶的植物图鉴。

制作好看的玻璃景观瓶的重点

玻璃景观瓶被称为"小世界"，
容器中的所有要素都不可忽视。
如果能够掌握几个小诀窍，
多种造景方式就都不在话下。

- 1 -

只要是玻璃容器
不管什么样的都可以

在透明的玻璃容器中栽培植物，这是玻璃景观瓶制作的基础中的基础。您既可以使用本书中所介绍的市面上可以购买到的各种玻璃景观瓶，也可以使用其他玻璃容器，即便不是专用景观瓶也没有任何问题。

例如，鲜切花的花瓶、有木框的展示盒，甚至是玻璃灯罩、厨房中的瓶瓶罐罐等身边随处可见的玻璃容器。根据不同的特性，可以将植物分成两类：平时需要盖着瓶盖的植物，以及尽量打开瓶盖进行通风换气的植物。

- 2 -

从侧面展示
土壤分层

铺在泥土或基底上的材料不仅有栽培土的功能，其颜色和质地也是欣赏玻璃景观瓶的一大要素。造景时应考虑到从侧面的美观效果，逐层铺设泥土、木片、洁白的砂石、绿色的苔藓等材料。另外，放置场所的不同也会影响到容器的选择。如果放在地板或其他较低矮的地方，则选择俯视效果不错的大型玻璃容器；如果放在架子或墙角，那么选择薄型或比较高的容器更为适合，因为需要从侧面进行观赏；如果放在厨房，与很多物品并排放置，则可以选择造型简易纤细的容器。

用来种植兰花的水草泥

湿润的杉树皮适合作为种植苔藓的基底

— 3 —

注意全方位各角度的视觉平衡

除了平视和俯视，对于那些吊挂着的景观瓶，也需要留意从下往上仰视时的美观。制作时应时刻注意主要的观赏角度，同时尽量确保各个角度所看到的画面都很好看，而不仅仅局限于主角度。为此，安排多个植物或材料时不要直线排列，而应该尽可能地使它们散落在前后左右各个方向。此外，可以将最主要的素材略微移到外侧，故意破坏容器内的中心点，营造不平衡的布局。在造景的过程中，可以时不时旋转容器，从不同角度进行检查，这也是一个小诀窍。

— 4 —

在用土方面仔细钻研，达到最佳排水

因为玻璃景观瓶使用的是没有排水孔的玻璃容器，因此多余的水无法排出。所以如何选择保湿性能良好又不会积水的泥土，是最为关键的一点。除了使用熏炭含量高的多肉混合营养土抑制细菌滋长，或者选择保湿效果显著的水草泥，还可以直接将植物种在一般作为覆盖材料使用的松鳞层上。用来铺面的砂石不仅有美观的作用，其良好的排水性和透气性也非常适合玻璃景观瓶。不同的土壤改良剂也具有不同的改良效果，也可以根据需求选用。另外，不要忘记在容器底部铺上根部防腐剂。

以赤玉土为基础，混合多种不同材料。玻璃景观瓶用土的一大特征就是熏炭占的比例较高

选择自然素材

A 流木：有很多细小的分枝蜿蜒卷曲，推荐用于比较复杂的造型。

B 香蕉茎秆：干燥的香蕉茎秆具有向上延伸的细长线条。

C 菜花根：干燥后的菜花的根。

D 干菌菇：用来模拟森林中自然生长的菌类。

E 软木：利用树皮制成的软木同样也取材于大自然。

F 流木：排水性能良好，因此也经常被用作基底材料。

G 椰子壳：表面粗糙，适合植物附着生根。

用天然材料
再现原始环境

除了用土的选择，使用石块、流木、小树枝等天然材料，将植物与各种不同材料的质感相结合，也是玻璃景观瓶独有的一大乐趣。这是因为与普通的植物栽培相比，其浇水的间隔比较长。尽管和大多数材料都很相称，但在选材上还是应该多考虑该植物生长的自然环境，尽可能呈现最自然、最原始的样貌。例如，长在干燥土地上的仙人掌，更适合以砂石为基底，配以珊瑚石或软木装饰。而对于空气凤梨，如果使用凹凸不平的石块，使其附生在其上，则更能体现其天然的生长环境。此外，香蕉茎秆或其他富有动态之美的树枝本身也非常具有存在感，搭配使用更有趣味。

在植物之间加入桑树枝，用来突出重点

在小型仙人掌的混栽中加入软木模拟岩石

- 6 -

植物的多种组合
增加了趣味性

　　将多种植物混栽在玻璃景观瓶中，就能够创造出一个玻璃中的小型自然世界。不过，这样操作的时候需要注意尽量混栽同一个生长环境中的植物。例如苔藓，如果能将苔藓连同和苔藓生长在同样环境中的其他植物一起栽培，那么生活习惯就不会有差异。同样，喜欢湿度较高环境的蕨类植物也非常适合种在景观瓶中。即使同为多肉，颜色、形状和质感也千差万别，如果能够混合栽培，景观瓶就会变得丰富多彩。一开始接触的时候可以选择简单的植物单品与其他材料相互组合，有一定景观瓶制作经验后就可以尝试挑战多种植物的混合栽培了。

仔细观察身边的各种植物，就能得到混栽的灵感启发

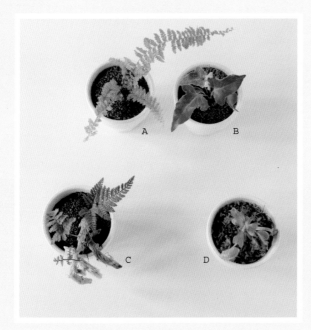

与苔藓习性相近的植物

喜欢湿度较高的环境的蕨类植物以及食虫植物是可以和苔藓一同培育的代表性植物。苔藓良好的保湿性能可以保持容器内部适合的湿度。

A　肾蕨：一种蕨类观叶植物，叶片有很深的锯齿。

B　石韦：单叶生蕨类植物。

C　狼尾蕨：广泛分布在日本各地的蕨类植物。

D　捕蝇草：和猪笼草类似的食虫植物。

7

选择适合
植物生长的容器

有时候，随着植物的成长，辛苦完成的景观瓶会变得越来越狭窄。因此，最好在一开始就选择有足够空间供植物生长的容器。如果是纵向往上生长的植物，就应该选择细长型的容器，留下上方充足的生长空间。同样地，对于横向发展的植物来说，浅圆形的容器则更为适合。如果是仙人掌之类生长缓慢的植物，选择大小合适的容器就可以了。只不过，考虑到土壤的分层和材料的叠加铺陈，选择比植物体形略大的容器会显得比较美观。

怎样才能
不弄脏玻璃

如何保持玻璃的清洁美观是玻璃景观瓶养护的重点之一。在造景时，需要注意放入材料时不要弄脏玻璃。加入泥土时，可以使用漏斗等口部较细的工具，能够防止撒得到处都是，或者撒落到植物叶片上。将植物种入较宽的容器时，可以用直尺等工具托着植物小心放入。完成后应检查植物或玻璃容器内壁上是否沾有泥土，如果有，可以用细的毛笔或笔刷轻轻掸除。浇水时也应注意喷嘴的强度，太用力的话也会溅起泥土污渍。

必要的工具

玻璃景观瓶的容器往往比较窄，

手无法伸到最深处，

此时就需要这些

能够进行精细作业的必要工具。

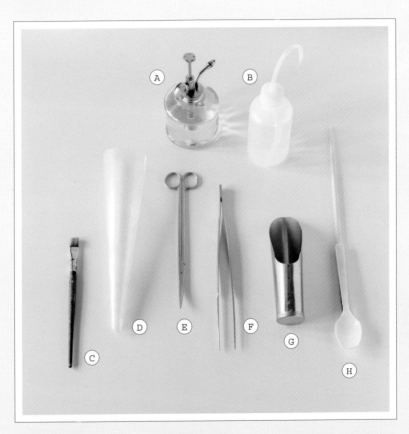

A 喷雾器：需要常备一个，用于给苔藓或空气凤梨浇水。
B 带喷嘴的水壶：给用细口瓶制作的玻璃景观瓶，或者叶片不可以淋湿的植物浇水时十分方便。
C 毛笔：或者很细的毛刷。用来掸除叶片上或玻璃内壁上的泥土，或是整平泥土。
D 漏斗：可以使用透明塑料板卷成。用来防止填入泥土砂石时四处飞溅。
E 剪刀：选用适合玻璃景观瓶的细长型剪刀。
F 镊子：栽种植物时的必需品。比筷子用起来更方便。
G 圆筒形铲子：用来在较小的面积内铺上泥土或砂石。
H 勺子：可以代替铲子使用。还可以接上筷子，加长使用。

所使用泥土的种类

我们都知道，选择泥土时必须选择和主植物最适合的种类。
除此之外，还可以在一个玻璃景观瓶中使用多种土壤，
形成漂亮的分层，或者进行铺面装饰。

Ⓐ 蛭石

矿物原料经高温烧制而成的无菌土。重量较轻，且表面有很多气孔，排水性能和保湿性能都非常高。与泥炭或赤玉土混合使用效果更佳。

Ⓑ 水草泥

优质的黑土烧制而成的颗粒状固体。作为用来培养水草的底质材料，可以很好地改善水质。由于通气性能良好，也非常适合在苔藓景观瓶使用。

Ⓒ 松鳞

将树皮磨碎而成。经常被用来覆盖在泥土表面。由于通气性能良好，可以直接代替泥土铺在景观瓶底。

Ⓓ 赤玉土

在园艺中运用最广泛的常用土，是关东沃土层的火山灰堆积土经高温干燥后形成的粒状土壤。排水性和保湿性都非常高，是本书中所使用的多肉混合营养土的主要原材料。

Ⓔ 泥炭

苔藓类或其他植物死亡后常年堆积而成的土。具有出色的排水性和保湿性，而且非常轻，因此经常被用于吊饰植物或玻璃景观瓶。本书中所使用的是已经调整过pH值的泥炭。

Ⓕ 水苔

自然生长在湿地中的一种苔藓。排水性和保湿性十分平衡，是出色的兰花栽培用土。用于景观瓶造景时，可以包裹住植物根部，是保护植物不可欠缺的材料。

Ⓖ 混合营养土

赤玉土、熏炭、鹿沼土、蛭石、砂、泥炭的混合营养土，配比为4:2:1:1:1:1。为了提高排水性能，略微提高了熏炭的比例。

Ⓗ 砂

作为玻璃景观瓶中的铺面使用的河砂。排水性与通气性俱佳，非常适合玻璃景观瓶，配合其他泥土或苔藓可以形成好看的分层，再现沙漠地带风景。

Ⓘ 杉树皮

杉树树皮切碎后的碎木片。保水性能极好。自然界中大部分苔藓都喜欢长在树皮或腐叶土上，因此非常适合苔藓的景观瓶。

Ⓙ 熏炭

用烟熏稻谷壳后形成的炭。可以调整湿度，防止根部腐烂，因此在玻璃景观瓶的用土中加入的比例会比一般的园艺土稍高。

Ⓚ 陶粒

多孔质陶粒，与泥土一样被广泛用于盆栽和水培。通气性和排水性都非常好，因此常被用于没有排水孔的容器。

Ⓛ 鹿沼土

主要产自日本栃木县鹿沼市的一种轻质石。颗粒很硬，不容易瓦解，因此排水性能极好，也可以长时间保湿，是本书中所使用的多肉混合营养土的材料。

各类植物的特征及养护方法

只有充分了解植物的个性，
在玻璃景观瓶中为它们创造舒适的生长环境，
才有可能让它们更好地陪伴左右。

succulent

多 肉 植 物

按照冬型种和夏型种的分类进行组合
是最关键的要点

多肉植物的叶片和根茎都是厚肉质，拥有强大的储水能力，因此浇水周期很长。根据其生长类型，可以分成春秋季为生长旺季的春秋型种、初夏至秋季为生长旺季的夏型种，以及冬季为生长旺季的冬型种三种类型。在冬型种和夏型种中也有一些性质较极端的品种。冬型种特别不耐热，因此养护时需要格外注意，混合栽培时应选择同为冬型种的多肉植物进行组合，这样才更便于护理。此外，种植时也应考虑植物的生长，预留足够的空间。

生长类型

● 夏型种——大戟属、芦荟科、伽蓝菜属、风车草属、景天属
● 冬型种——生石花属、长生草属、肉锥花属
● 春秋型种——黄菀属、拟石莲花属、十二卷属

放在明亮的室内。在不同的季节改变放置场所

养护多肉植物最基本的一点就是应放置在明亮通风的室内。虽然要避免阳光直射，但如果完全没有日照，茎只会徒长，变得又细又长，叶片也会褪色。冬天可以在正午将多肉植物放在阳光中进行适度光照。对于不耐热的冬型种，则应该在夏季放置在半阴环境中。

放置场所

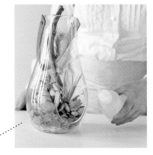

不可过量浇水

浇水时可以使用带有喷嘴的水壶直接浇在植物根部，不要淋在叶片上。和普通的盆栽相比，玻璃景观瓶的浇水周期更长，因此浇水一定要注意不要过量。浇水周期：生长旺季为 4~5 日，休眠期则为 2 周左右。

浇水

根据生长情况按株进行疏苗

虽然多肉植物的生长速度各不相同，不过通常可以在玻璃景观瓶中生长约两年。如果植物溢出了容器，则需要拔掉任意一株。拔的时候要一边摁住植物的根部一边用镊子操作。拔掉后的空位不需要特地填埋，自然而然地就会有其他的植物慢慢将其覆盖。

移植

可以修剪掉过长的枝叶

很明显已经没法存活的多肉植物，应该直接连根拔掉。而太长的茎叶则只需要将多余部分剪掉。养护起来十分方便。

修剪

空气凤梨

选择通风良好的环境。
浇水后应彻底干燥

　　空气凤梨是凤梨科铁兰属植物的统称。它总是附生在岩石上，完全生长于空气中，因而得名。虽然靠吸收空气中的水分就可以存活，浇水频率可以非常低，但如果完全不浇水，也会和其他植物一样枯萎死亡。固定在玻璃景观瓶中后也应定期浇水，并使其充分干燥。

要注意透过玻璃窗的直射阳光

　　平时放置在明亮的室内。和多肉植物一样，既不能放在完全照不到阳光的地方，又必须避免阳光直射。这是因为透过玻璃窗的阳光格外强烈，玻璃景观瓶内的温度升高后会变得十分闷热。另外，也应避免直接吹到空调风，因为这会使得植物变得过分干燥。

放置场所

浇水 ⋯⋯

喷水后彻底干燥是养护要点

　　浇水频率为每周1~2次，应先把空气凤梨从容器中取出，然后以叶片尖端为中心进行喷洒。随后放在通风的地方，待彻底干燥后再放回容器中。如果叶心有积水，可将植株倒转让多余的水分流出。另外，还可以采用浸水的方法，不过很容易在叶心积水，因此不做推荐。叶片颜色较灰的品种比叶片较绿的品种所需要的水分更多。

移植

逐渐长大后更换容器也是种乐趣

　　因为是无土栽培，所以不需要移植。叶片变大后可以迁移至更大尺寸的玻璃容器中。

修剪 ⋯⋯⋯

变成茶色的叶片应小心去除

　　不需要特别养护是空气凤梨的特点。不过，变色的叶片有可能会滋长害虫，一旦发现茶色叶片就应该摘掉。可以使用镊子将外侧的叶片轻轻剥除。

MOSS

苔藓

只要环境合适，
就可以和其他植物和谐共存

日本的气候十分适合苔藓生长。苔藓没有真正的根，移植时只需要将表面部分直接剥离，再覆盖在玻璃景观瓶内的上层，很快就可以适应新的环境。因为它可以生长在密闭空间中，所以选择各式各样的容器也是一大乐事。大多数苔藓适合背光阴凉的环境，但也有苔藓喜欢有散射日光的半阴环境，所以应参考其原始栖息地进行选择。苔藓特别适合与蕨类植物等同样喜欢潮湿环境的植物共生。

生长类型

● 背阴——桧藓属、珠藓属、曲尾藓属、凤尾藓属、鞭枝藓属、羽藓属
● 半阴——庭园白发藓、绢藓、走灯藓、包氏白发藓

也可以放置在阳光照射不到的地方

根据原始生长环境的不同，可以选择放在背阴（并不是完全没有光线，而是略微有点阴暗）或半阴（不会直接晒到阳光，但却能感受到柔和的散射日光。可以参考自然环境中的大树底下）的环境中。

放置场所

感觉有点干了就应喷水保湿

刚刚种下的时候应浇以足量的水，使其快速与泥土适应。平时只要发现苔藓表面有点干燥，就可以从玻璃容器口进行喷水。浇水频率一般在 3～4 日一次，视放置位置、有无瓶盖，以及一起种植的植物类型而定。

浇水

按住其他植物，只拔除一株

苔藓并不是生长十分旺盛的植物，因此不需要频繁更换容器。如果有成长过度的植株，可以用镊子拔除，同时应按压住其他植物。和多肉植物一样，无须平整其他植物的位置，自然地生长就可以填补空位。

移植

只需要剪除变色的部分

如果发现有黄色或茶色的部分，只需要剪掉变色的部分即可。切口处会慢慢长出新芽。另外，可以将长得太长的部分剪下来插入土中，慢慢地就会扩散得越来越多。

修剪

兰花

在各种环境都可以生长的植物。
种植方法分为附生和地生两种

可以说，兰花是所有植物中进化比较迟缓的一类，因此，它身怀绝技，既可以生长在昏暗的环境中，又能够附生在树木上，各种生存环境都能适应得很好。根据不同的生长类型，可以分为扎根在树干或岩石上的附生兰，以及扎根在泥土中的地生兰。不仅开花时引人入胜，其厚肉质感的叶片和根部的假鳞茎（茎异变为卵球形的肉质肥大部分）也是观赏的一部分，十分适合种在玻璃景观瓶中。

生长类型

● 附生——蝴蝶兰、文心兰、澳洲石斛
● 地生——兜兰、大花蕙兰

形态

● 复茎型（有多个茎，且每年都会长出新的假鳞茎）——文心兰、澳洲石斛
● 单茎型（只有一根茎）——万代兰、蝴蝶兰

无须考虑光照，哪怕放在玄关都可以

如果阳光直射很容易晒伤，半阴环境才是更理想的摆放位置。在家里不仅可以放在有窗的起居室，哪怕是玄关之类晒不到太阳的地方也都没有问题。兰花对环境的适应可能需要一段时间，但依然属于适应力很强的植物。

放置场所

浇水

尽管种植方法不同，浇水的频率却是一样的

令人意想不到的是，兰花的储水能力很强，因此只要在变干后用喷壶浇水就可以了。地生兰花可以从容器口浇水，附生兰花则需要从基底取下后对着根部喷水。和其他植物一样，浇水后必须待其彻底干燥。根部一直湿润对兰花有害无益。

附生的兰花用手就可以摘除，不过使用镊子或剪刀等景观瓶专用的细长工具更为方便。

仔细地去除腐烂凋谢的叶片

如果茎叶出现枯萎，或者褪色，只需要去除这一部分。体积过于庞大的兰花很难养护，如果是盆栽，可以进行分株，再将多余的植株附生在软木等介质上。小巧紧凑的兰花更容易养护。

修剪

制作玻璃微型景观瓶的常见问题

玻璃微型景观瓶与盆栽的培养方法略有不同。我们
在这里总结了一些第一次尝试制作时的常见问题。

苔藓变成了茶色
是怎么回事？

一旦变成茶色，就不可能再恢复成
绿色了。但是，这并不是说整片苔
藓都不行了，所以大可放心。只需
要将茶色部分彻底剪干净，就可以
在同样的位置长出新的绿芽。

多肉植物的叶片蔫了，
怎么办？

尽管不同品种可能不一样，但是如
果只是有一点褶皱，那还是可以复
活的。但是，十二卷属等多肉植物
的叶片一旦变硬变红，那就是回天
无力的征兆，这时候需要将它们从
整株植物根部剥离。对于有分枝的
多肉，如果分枝的顶端出现变色，
只需要将这一部分剪除就可以了。

该注意哪些
病虫害呢？

浇了太多水，
水都蓄积在容器底部了，
该怎么处理？

可以施肥吗？可以的话在什么
时候施肥比较好？

种植多肉的过程中需要注意到的病
虫害包括：由于潮湿出现的粉蚧虫
（摸上去黏糊糊的）、产生褐色或
黑色斑点的黑斑病、夏天出现的蚜
虫，等等。数量少的话可以用镊子
将虫摘掉，再喷洒药剂。如果数量
不断增多，则需要先把根拔起来检
查根部状态。如果根部发黑，就说
明这株多肉已经救不活了。

因为玻璃器皿底部没有排水孔，瓶
底积蓄的水分无法排出，所以只能
把土壤中含有的水分吸取出来。可
以用镊子夹着团成小球的餐巾纸轻
轻压在土壤表面，过一会儿就可以
看到餐巾纸变湿了，这是它将土壤
中多余的水分吸出来了。

通常并不需要施肥，不过如果一定
要施肥的话，必须将液体肥料与清
水按1:2000的比例稀释后使用。一
般应配合植物各自的成长期进行施
肥。无土栽培的空气凤梨也可以将
少量液体肥料与喷雾器中的清水混
合后喷洒施肥。不过，苔藓不需要
施肥。

适合玻璃景观瓶的植物图鉴

[多肉植物]

Ⓐ

松塔掌
Astroloba
芦荟科　十二卷属

外形与十二卷属其他硬质叶系多肉植物比较相似。三角锥形的硬质叶片以星形排列，呈塔状不断重叠向上生长。根据叶片种类不同，分为深绿色的紧凑类型和叶片较小、较稀疏的类型。

● 生长类型　春秋型种
● 尺寸大小　高约10厘米

Ⓑ

月花美人
Pachyphytum
景天科　厚叶草属

淡绿色的叶片肥厚且饱满多汁，惹人喜爱。叶片表面附有一层白粉，外侧则略呈粉色。秋季叶片变红，春季则会开出小花。因为叶片中水分充足，所以无须经常浇水。可以通过分株或叶插进行繁殖。

● 生长类型　夏型种
● 尺寸大小　直径约10厘米

Ⓒ

铁锡杖
Senecio stapeliformis
菊科　千里光属

直立的棒状硬质茎，表面的叶退化为细小的针状凸起，以相同间隔排列。多肉质的根系十分发达，随着植株生长，茎也会逐渐变为群生。春天会开非常鲜艳的橙红色花，花柄十分特别。

● 生长类型　春秋型种
● 尺寸大小　高约25厘米

Ⓓ

薄冰
Graptopetalum
景天科　风车草属

别名"姬胧月"或"银红莲"。拥有风车草属特有的大型莲座，叶片呈朦胧的青绿色，十分令人喜爱。夏冬两季应注意少浇水，基本保持干燥即可。尽量放在背阴处，避免阳光直射，以免晒伤叶片。

● 生长类型　春秋型种
● 尺寸大小　直径5～10厘米

Ⓔ

朝之霜
Rhipsalis
仙人掌科　赤苇属

寄生在热带雨林树木枝干上的森林性仙人掌，种类大约有60种。茎为细绳状，朝各个方向恣意生长并从花盆中垂下。通常可以挂在室内欣赏把玩。

● 生长类型　春秋型种
● 尺寸大小　长50～60厘米

Ⓕ

春萌
Sedum 'Alice Evance'
景天科　景天属

叶呈明亮的绿色，叶片肥厚，底部突然聚拢形成莲座。叶片水分充足，十分耐干燥和寒冷。冬天即使放在室内也可以存活。可以通过剪下伸长的茎插土繁殖。

● 生长类型　春秋型种
● 尺寸大小　直径8～10厘米

A
知更鸟
Crassula Blue Bird
景天科　青锁龙属

"花月"的变种，叶片更蓝的为亲本。叶片如匙形，又圆又厚，叶面有微蓝的少量白粉，边缘呈红色。茎直立强壮，种植数年后可育成挺拔的树木形态。

● 生长类型　夏型种
● 尺寸大小　高1～3厘米

B
紫丽殿
Pachyveria 'Blue Mist'
景天科　厚叶草属

圆滚滚的叶片形状就像果冻豆，十分厚实。全株覆有白粉，呈淡紫色，美丽动人，即使混栽也十分有存在感。夏天的时候通风遮阳，保持干燥，因不耐寒，可在室内过冬。可以通过叶插进行繁殖。

● 生长类型　春秋型种
● 尺寸大小　直径约5厘米

C
巴黎王子
Echeveria.cv. 'Palidapurinss'
景天科　拟石莲花属

别名"花中宰相"的中型种拟石莲花植物，淡绿色叶片形成的莲座堪称完美。红色边缘和蜡质手感也魅力十足。可以通过叶插繁殖。夏季休眠，应将其放在遮光处以免晒伤。冬季也可以放在室内养护。

● 生长类型　春秋型种
● 尺寸大小　直径约20厘米

D
利帕瑞
Semperuvivum
景天科　长生草属

"Semperuvivum"一词在拉丁语中表示"永生"。长生草属植物属于中型品种，十分强壮，不畏严寒。蓝绿色的细长叶片优美动人，会随季节变化改变颜色。注意不要浇水太多。

● 生长类型　冬型种
● 尺寸大小　直径5～10厘米

E
玄海岩莲华
Orostachys genkaiense
景天科　瓦松属

匙形叶片组成的莲座小巧可爱。生长旺盛，容易萌生侧芽形成丛生。秋季开白花，从莲座中间伸出细细的花茎。由于十分耐寒，寒冷的冬季也可以放在户外栽培。

● 生长类型　春秋型种
● 尺寸大小　高度10厘米以下

F
胧月
Graptopetalum paraguayense
景天科　风车草属

经常能在路边石墙上看到的群生垂吊多肉植物。形成莲座的叶片底色灰绿，覆白霜，有时呈淡淡的粉紫色，朦胧感油然而生。一年四季均可在户外生长。每月两次浇水至泥土湿润即可。

● 生长类型　夏型种
● 尺寸大小　高10～15厘米

Ⓐ

般若

Astrophytum ornatum

仙人掌科　星球属

球体有8个棱和褐色尖刺。幼株球形，后长成圆筒形，高可达1米。根据颜色和纹路的不同可以分为白条般若、白云般若、金刺般若等多个种类。生长期的春、夏、秋三季需要充足的水分，冬季无须浇水。

- ●生长类型　夏型种
- ●尺寸大小　直径约10～20厘米

Ⓑ

白檀

Chamaecereus silvestrii

仙人掌科　白檀属

肉质茎呈细筒状，直径为2～3厘米。初始直立，后匍匐丛生，甚至伸出花盆垂吊在空中。春末夏初鲜红色花朵同时开放。可以放在户外栽培。冬季断水，保持良好的日照和通风即可。

- ●生长类型　夏型种
- ●尺寸大小　高20～30厘米

Ⓒ

紫太阳

Echinocereus rigidissimus ssp. rubispinus

仙人掌科　鹿角柱属

"太阳"的变种。植株顶部为粗圆筒形，呈迷人的粉紫色渐变，紫红色的刺排列得十分规则。春季会在顶部开出桃粉色的大花，冬季停止浇水，给予充分的光照，促使植株发色。

- ●生长类型　夏型种
- ●尺寸大小　高约15～30厘米

Ⓓ

红小町

Notocactus scopa var.ruberrimus

仙人掌科　南国玉属

棱多刺密的球形小仙人掌。春季顶生如茶色果实般的花蕾，随后逐渐鼓起，约两日后一下子开出黄色小花。耐寒能力较强，酷暑期应注意遮光，使其进入半休眠状态。

- ●生长类型　夏型种
- ●尺寸大小　直径5～10厘米

Ⓔ

凝蹄玉

Pseudolithos migiurtinus

萝摩科　凝蹄玉属

原产于索马里的球形多肉植物。属名凝蹄玉意为"假石"，馒头般的外形和如肌肤般坑坑洼洼的质感是其最大的特点。球茎中部会长出小小的茶色花朵。十分耐热，夏季阳光直射也没有问题，因此可以在户外栽培。

- ●生长类型　夏型种
- ●尺寸大小　直径约5厘米

(A)

绵叶琉桑

Dorstenia hildebrandtii f.crispum

桑科 琉桑属

琉桑属被称为草类，外形与常见的多肉植物有很大的区别。叶片很薄，边缘呈波浪形，靠近根部位置的茎膨胀变大。通过种子繁殖，可以将种子弹到很远的地方。不耐寒，冬季应搬到室内养护。

- ●生长类型 夏型种
- ●尺寸大小 高10～15厘米

(B)

剑龙角

Huernia

萝藦科 剑龙角属

柱状茎上有和仙人掌类似的棱，并长满龙角状凸起。代表性植物有峨角、龙王角、阿修罗等。没有叶子，星形花朵直接开在茎上。散发出萝藦科独有的气味。适合没有强烈阳光直射且通风良好的环境。

- ●生长类型 夏型种
- ●尺寸大小 高20～30厘米

(C)

长刺武藏野

Tephrocactus articulatus f.diadematus

仙人掌科 纸刺属

肉质茎形状不固定，茎节长圆形重叠在一起，从茎节处长出如平整的白纸一般的刺，十分有特色。茎节发育到一定程度后可以整体取下，直接插入土中进行繁殖。

- ●生长类型 春秋型种
- ●尺寸大小 高约20厘米

(D)

若绿

Crassula lycopodioides var. pseudolycopodioides

景天科 青锁龙属

细小的叶片呈明亮的黄绿色，如绳子一样不断重叠延伸，朝气蓬勃。最高可以长到30厘米左右，但是一般会在长到10厘米高时进行修剪，看起来比较整齐。秋季开黄色小花，藏在叶片缝隙中若隐若现。

- ●生长类型 春秋型种
- ●尺寸大小 高10～30厘米

(E)

白桦麒麟

Euphorbia ma mmillaris

大戟科 大戟属

银色肉质茎粗壮矮小，长满锋利的尖刺，乍一看很像仙人掌。生长旺盛期只需要浇水，无须其他养护。花桃红色，小巧可爱。茎叶切口流出的白色汁液有毒，务必小心。

- ●生长类型 春秋型种
- ●尺寸大小 高约30厘米

Ⓐ

黑丽丸

Sulcorebutia rauschii

仙人掌科　子孙球属/宝山球属

小型球体饱满丰盈，很容易长出子球，挤挤攘攘地群生在一起。球体表皮呈灰绿色至红灰色，和阳光强度有关系。夏季开出美丽的紫粉色花朵，根系肥大，因此要看情况进行移植。

● 生长类型　春秋型种
● 尺寸大小　直径3～5厘米

Ⓑ

小型士童

Frailea

仙人掌科　士童属

士童属中有很多种的名字都非常可爱，如虎之子、狸之子、豹之子等。球体特别小，直径仅为2厘米左右，却也能开出美丽的黄色小花朵。生长期内可以多浇水，放在有柔和散射光的遮光处。

● 生长类型　夏型种
● 尺寸大小　直径3～5厘米

Ⓒ

卷绢

Sempervivum arachnoideum

景天科　长生草属

叶尖生有绢般绵密的白毛，联结如同被蛛网覆盖在莲座上。耐寒性强，容易栽培，春天移植后能长出很多子株，形成群生。根系很细，移植须在植株完全成长前进行。

● 生长类型　冬型种
● 尺寸大小　直径约3厘米

Ⓓ

风铃玉

Ophthalmophyllum

番杏科　生石花属

肉质叶呈球形的生石花的一种，有风铃玉、秀丽玉等多种。叶片头部一分为二，多数种类顶部有几乎接近透明的"视窗"。冬型种，夏季完全休眠，应控制浇水。

● 生长类型　冬型种
● 尺寸大小　高2～3厘米

Ⓔ

玉扇

Haworthia truncata

芦荟科　十二卷属

肉质叶排成两列呈扇形，顶部如同被刀水平切过一样的平整。通过叶尖的透明视窗吸收光线进行光合作用。习性强健，根系比较发达粗壮，因此适合在兰花盆里栽培。

● 生长类型　春秋型种
● 尺寸大小　直径约5厘米

Ⓕ

福来玉、招福

Lithops julii ssp.fulleri

番杏科　生石花属

球状叶色彩多变，有红色和茶色等多种颜色。顶部有视窗，并有如同被切开的裂缝。春秋两季从裂缝中开始脱皮，并萌出新芽。脱皮后的叶片变得皱巴巴的，这时应注意不要过量浇水。

● 生长类型　冬型种
● 尺寸大小　高3～5厘米

Ⓐ

巴丝柳

Rhipsalis Cassutha

仙人掌科 丝苇属

丝苇属中极具代表性的一种，细长的茎朝各个方向四散生长。养育得当的话可以长到数米。和仙人掌一样，不需要很多水分。不耐寒，冬季应放在室内，室温保持在10℃以上为佳。

- ●生长类型　春秋型种
- ●尺寸大小　长50～60厘米

Ⓑ

广寒宫

Echeveria cante

景天科 拟石莲花属

通称"拟石莲花女王"。作为莲座直径最大可达30厘米的大型种，挺拔傲人的身姿确实很符合这个名字。淡绿色叶片被厚厚的白粉覆盖，叶缘红色，紧密地排列生长在一起。到了秋冬季红色会更明显。

- ●生长类型　春秋型种
- ●尺寸大小　直径20～30厘米

Ⓒ

白斑玉露

Haworthia cooperi var pilifera variegata

芦荟科 十二卷属

十二卷属软叶系植物，顶部有着半透明的"视窗"。植株强健，清凉的碧绿色充满美感。无刺，体形较小，适合放在窗边或阳台上栽培。夏季应注意遮光，避免晒伤。

- ●生长类型　春秋型种
- ●尺寸大小　直径约10厘米

Ⓓ

残雪之峰

Cereus spegazzinii f. crist.

仙人掌科 天轮柱属

柱状仙人掌"残雪"的突变种。植株石化后如山峰般连绵不绝，刺的根部则有白色棉绒似积雪覆盖，因而得名。培养时应给予充分日照，盆底变干后浇上足量的水。

- ●生长类型　春秋型种
- ●尺寸大小　高约20厘米

Ⓔ

大薄雪

Hispanicum

景天科 景天属

细长的茎匍匐下垂。生长极其旺盛，碰到泥土的茎上也会长出根，分枝后即可繁殖。耐高温、耐严寒，银色到粉色的色彩渐变十分美丽。景天属的植物需要比一般的多肉植物更多的水分。

- ●生长类型　春秋型种
- ●尺寸大小　高约50厘米

Ⓕ

翡翠阁

Cissus cactiformis

葡萄科 白粉藤属

茎肉质，有节，一般为四棱，呈柱状，茎上长有胡须般的细藤蔓和卷曲的叶子。茎如其名"翡翠"一般呈美丽的翠绿色，不过虽然很粗，却很容易折断。和葡萄一样会结圆形果实，成熟时为紫红色，但是有毒，不可食用。

- ●生长类型　夏型种
- ●尺寸大小　高50～60厘米

Ⓐ

祝宴

Haworthia turgida
芦荟科 十二卷属

十二卷属软叶系中非常有人气的一种。肥厚的三角形叶片顶端有透明的"视窗"，透过光线，线条和斑纹给人以凉爽清新的感觉。在直射阳光下叶片会变成红褐色，尽量放在遮光且明亮的环境下培育。

● 生长类型 春秋型种
● 尺寸大小 直径5～10厘米

Ⓑ

梦殿

Haworthia hybrid "Yumedono"
芦荟科 十二卷属

十二卷属软叶系中有许多杂交品种，梦殿就是其中一种。三角形的肥厚叶片上方有代表性的透明采光窗，而叶片上则布满白刺般的凸起。生长比较迟缓，不过也会长子芽，长期培育也会收获惊喜。

● 生长类型 春秋型种
● 尺寸大小 直径5～10厘米

Ⓒ

绒针

Crassula mesembryanthemoides
景天科 青锁龙属

青锁龙属中人气值非常高的"银箭"的亚种，叶片上紧密覆盖着一层白色绒毛。与银箭相比，叶片表面略微平坦些，且形状更为细长。繁殖方式以叶插为主。十分耐寒冷干燥，最怕潮湿，因此要注意不要被雨淋到。

● 生长类型 夏型种
● 尺寸大小 高10～15厘米

Ⓓ

红衣酋长

Sempervivum "Redchief"
景天科 长生草属

紧密生长的叶片呈螺旋状上升，形成好看的莲座。根据季节变化，叶片的颜色也会发生变化，特别是到了冬季，通红的叶片娇艳美丽，极具观赏性。叶片表面覆有绒毛，因此十分耐寒，即使冬天也可以种在户外。

● 生长类型 冬型种
● 尺寸大小 直径5～10厘米

Ⓔ

玉露

Haworthia cooperi
芦荟科 十二卷属

十二卷属软叶系植物，叶片肥厚饱满，上半段有透明或半透明的"视窗"。与其他相似种相比，长长的叶片顶端更为尖细。容易长子芽，群生在一起更添美感。常年适合放在半阴的室内栽培。

● 生长类型 冬型种
● 尺寸大小 直径5～10厘米

Ⓐ

白银之舞

Kalanchoe pumila
景天科　伽蓝菜属

白粉覆盖着的叶片呈银绿色，美不胜收。叶片边缘有不规则的细小锯齿是其一大特征。1—5月超长花期，花朵淡粉色，与银叶相互偎依、相互映衬，十分高贵雅致。为了保持叶片颜色，应注意不要太过潮湿。

● 生长类型　夏型种
● 尺寸大小　高约20厘米

Ⓑ

鲁本

Sedum rubens
景天科　景天属

豆子形状的叶片柔软而丰满，非常可爱。夏季是水嫩的绿色，随着季节变化逐渐过渡为淡黄色、橘色，最后变成朱红色。叶片很容易摘下，因此可以通过叶插繁殖。每月浇水两次，泥土湿润即可。

● 生长类型　春秋型种
● 尺寸大小　高约10厘米

Ⓒ

日出

Sedum sunrise mom
景天科　景天属

别名黄月。叶片小巧肥厚，黄色的时候有如一弯明月，而从橙色过渡为红色后的红叶则令人想到了美丽的日出。茎会不断向上生长。可以通过叶插或芽插进行繁殖，小小的可爱身姿非常适合与其他植物混合栽培。

● 生长类型　春秋型种
● 尺寸大小　直径5～10厘米

Ⓓ

紫心

Echeveria cv. "Rezry"
景天科　拟石莲花属

叶片为肥厚的肉质卵形，呈莲座状排列。平时深绿色的叶片进入低温期后变为红色，在寒冷的冬季则呈现出青铜色的紫红色。生长较快，粗茎向上生长的过程中会产生弯曲。充满动感的形态非常适合制作盆景。

● 生长类型　春秋型种
● 尺寸大小　直径5～10厘米

Ⓔ

沙维娜

Echeveria shaviana
景天科　拟石莲花属

叶片呈巨大的莲座状排列，叶片边缘有波浪形花边褶皱，叶片逐渐增多后整体给人十分优雅的感觉。夏季应注意及时去除掉落在根部的枯叶，防止因潮湿造成根部腐烂或叶片变色。

● 生长类型　春秋型种
● 尺寸大小　直径10～30厘米

Ⓕ

霜之朝

Echeveria cv.
景天科　拟石莲花属

叶片肥厚，表面有一层天然的厚白色霜粉，使植株乍看之下呈现淡淡的蓝白肤色。叶尖还有一些隐隐约约的粉色，将叶片颜色映衬得更为娇嫩。花茎从莲座中心长出，开橙红色小花。需要良好的日照，但要尽量避免夏季的高温高湿。

● 生长类型　春秋型种
● 尺寸大小　直径10～15厘米

高砂之翁（缀化）
Echeveria cv. "Takasagonookina"
景天科　拟石莲花属

宽大的淡绿色叶片边缘为粉色，呈大波浪卷形，随光照变化红色会不断增加，呈现迷人的红叶状态。培育得当的话最大可以长到直径30厘米以上，充满动感魅力。

● 生长类型　夏型种
● 尺寸大小　直径15～20厘米

库珀天锦章
Adromischus cooperi
景天科　天锦章属

天锦章属植物外形和姿态富有个性，充满魅力。库珀天锦章叶片扁平，顶端叶缘略有一些波浪形褶皱，叶色灰绿，有暗紫色斑点。与其他圆形或白色的种有一定区别。不喜高温潮湿的环境，夏季进入休眠状态，应控制浇水，并移放在凉爽的环境。

● 生长类型　春秋型种
● 尺寸大小　高10厘米

姬胧月
Graptopetalum "Bronze"
景天科　风车草属

直立群生的茎为红褐色，充满光泽，三角形的肥厚叶片排成小型莲座状。叶片容易摘下，可以通过叶插进行繁殖。若控制水分并给予充足日照，红褐色会越来越明显，更显得美丽动人。

● 生长类型　夏型种
● 尺寸大小　直径约3厘米

扇雀
Kalanchoe rhombopilosa
景天科　伽蓝菜属

又名"姬宫"，叶片分为两种，一种为黑褐色，另一种则是绿灰色叶片上有褐色斑纹。叶缘均有不规则的波状齿。根须很细，极容易腐烂，因此需要时常进行移植。

● 生长类型　夏型种
● 尺寸大小　高15～20厘米

灰绿镜
Sempervivum glaucum mirror
景天科　长生草属

叶片扁平，顶部略尖，呈大大的放射状排列，形成美丽的莲座。中心部位略微有些紫色，如一朵盛开的花朵。十分耐寒，即使冬天也可以放在户外。生长迅速，繁殖可用枝条上萌生的子株，春季需要移植。

● 生长类型　冬型种
● 尺寸大小　直径5厘米

虹之玉
Sedum rubrotinctum
景天科　景天属

小巧可爱的肉质叶片柔软丰满，充满光泽。夏季多为深绿色，进入秋季后逐渐变为红色，整个变色过程也是十分迷人的。秋季正式到来后，连茎带叶全都转成红褐色。通过叶插繁殖，群生，非常适合做装饰。

● 生长类型　夏型种
● 尺寸大小　高10～15厘米

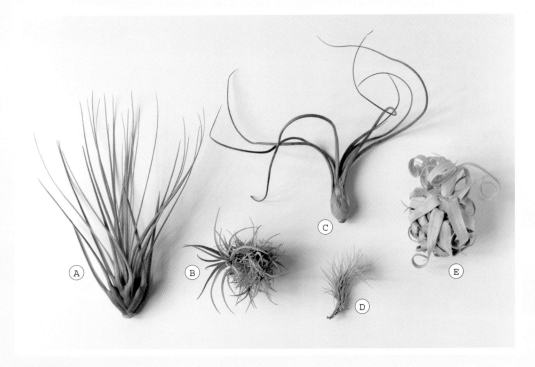

[空气凤梨]

小三色
Tillandsia juncefolia
凤梨科　铁兰属

细长的叶片密密麻麻地生长，犹如扫帚一般。银叶种，开漂亮的紫红色小花。和同类的大三色十分相似，不过表面覆盖的绒毛较薄，且绿色更浓厚些。繁殖力极强，可以长期培育。

● 生长类型　夏型种
● 尺寸大小　高15～20厘米

Ⓑ

丛生尤利酷拉达
Tillandsia utriculata Clump
凤梨科　铁兰属

小型银叶种。开花前就会从母株侧旁长出很多子株形成丛生。形态虽然简单，不断长出子株的样子看着却也十分喜人。红色茎，顶端开白花，开花后母株就会枯萎。

● 生长类型　夏型种
● 尺寸大小　高5～10厘米

Ⓒ

大天堂
Tillandsia pseudobailey
凤梨科　铁兰属

蜿蜒生长的筒状叶片与原种相比更硬。较大的筒形体形，所需水分较多。干燥时叶片会变得皱巴巴，浇水后能恢复原状。

● 生长类型　夏型种
● 尺寸大小　高10～30厘米

Ⓓ

小狐狸尾
Tillandsia funckiana
凤梨科　铁兰属

有茎种，茎细小柔软。易群生，根据环境变化叶片时而蜿蜒时而弯曲。顶端开鲜艳的红色花朵，十分夺人眼球。适合在半阴的明亮环境生长，较不耐寒。

● 生长类型　夏型种
● 尺寸大小　高10～20厘米

Ⓔ

电卷烫
Tillandsia streptophylla
凤梨科　铁兰属

圆滚滚的鳞茎类空气凤梨中非常有人气的一款。叶片干燥后会强烈卷曲，吸饱水分后则会立刻舒展开。因此，通过控制水分多少改变其外形，也是培育过程中十分有趣的一桩乐事。粉色花序上开淡紫色的花，子株成长缓慢，可能需要数年。

● 生长类型　夏型种
● 尺寸大小　高10～15厘米

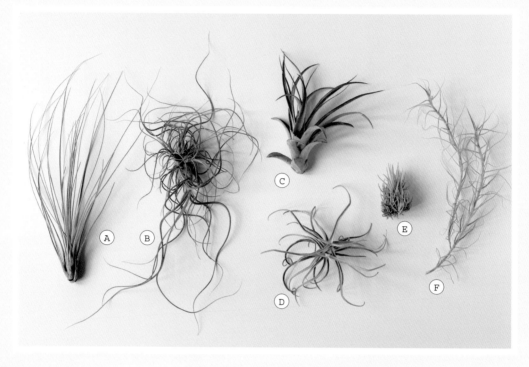

Ⓐ

大三色
Tillandsia juncea
凤梨科　铁兰属

银叶种，披针形叶片纤细修长。秀美俏丽，令人倍感清新，很适合做盆景。不仅十分耐干旱，对抗寒冷和酷暑也没有问题，体质非常强健。每周用喷壶浇水三次左右，春秋两季每月浸水两次。

● 生长类型　春秋型种
● 尺寸大小　高15～20厘米

Ⓑ

虎斑（丛生）
Tillandsia butzii clamp
凤梨科　铁兰属

植株整体长满斑点，细长的叶片向四周蜿蜒伸展。开花后长出子株，不分株的话可以形成丛生，体积增大，蜿蜒的叶片也会显得更加张牙舞爪，充满压迫感，极具观赏性。

● 生长类型　夏型种
● 尺寸大小　高20～25厘米

Ⓒ

贝可利
Tillandsia brachyaculos
凤梨科　铁兰属

绿叶种，多肉质叶片略硬，开花前后整个植株变成鲜红色。中心开紫花，而变红的叶子则尽可能地向外扩展，使得整个造型如同烟花盛开般美丽。喜爱潮湿的环境，可以放在铺有水苔的花盆中培养。

● 生长类型　春秋型种
● 尺寸大小　高10～15厘米

Ⓓ

香花矮树猴
Tillandsia reichenbachii
凤梨科　铁兰属

叶片银灰色，略硬，弯曲着向四处伸展。易丛生。开花期为6—7月，开淡紫色花，香气四溢。养护时可以每周约两次用喷壶浇水。

● 生长类型　夏型种
● 尺寸大小　宽度15～20厘米

Ⓔ

小萝莉
Tillandsia loliacea
凤梨科　铁兰属

比手心更小的小型铁兰。硬质叶片上覆盖有绒毛，从叶心长出长长的花序，开直径约3毫米的黄色小花，小巧玲珑。繁殖能力强，也很容易长子株，自体授粉，每年都可以开花数次。

● 生长类型　夏型种
● 尺寸大小　高约3厘米

Ⓕ

卡诺
Tillandsia caerulea
凤梨科　铁兰属

银灰色叶片纤细修长，富有美感。易生侧芽，整体植株形态如树枝一般。开紫色花，芬芳扑鼻。喜欢有充足日照和通风良好的环境，适合倒挂生长。

● 生长类型　夏型种
● 尺寸大小　高30～40厘米

A

松萝
Tillandsia usneoides
凤梨科 铁兰属

又名空气草、苔花凤梨。茎叶线状，全株灰绿色，叶片互相缠绕绵延生长，十分茂密。有卷叶、粗叶、中叶等多个品种。开黄绿色小花，有浓郁香气。适合挂在梁上或墙上，有很强的装饰性。

- 生长类型 夏型种
- 尺寸大小 长30~50厘米

B

富奇思
Tillandsia fuchsii
凤梨科 铁兰属

纤细如针的银色叶片从圆形的植株中心呈放射状向四面八方伸出。花茎细长，红色花序与筒状的紫色花朵对比鲜明，充满魅力。易萌生子株。每隔4~5天喷一次水，宜放在半阴处培育。

- 生长类型 春秋型种
- 尺寸大小 高5~10厘米

C

扁担西施
Tillandsia bandensis
凤梨科 铁兰属

银叶种，每年都能开出芬芳香味的淡紫色花朵。扇状丛生。与相似种香兰花松萝相比，叶片略硬。耐寒性能强，喜欢潮湿的环境，但不喜闷热，应注意保持通风。

- 生长类型 夏型种
- 尺寸大小 高约5厘米

D

虎斑
Tillandsia butzii
凤梨科 铁兰属

鳞茎类，从膨大的根部长出蜿蜒伸展的细长叶片。全株长满密密麻麻的斑点，形态独特，有点像蛇。不耐夏季的闷热，因此夏季应放置在比较清凉的环境。而且不耐干旱，与其他品种相比应给予更多水分。

- 生长类型 夏型种
- 尺寸大小 高10~15厘米

E

薄纱
Tillandsia gardneri
凤梨科 铁兰属

小型种，全株覆盖着天鹅绒般的绒毛，手感粗糙，非常有质感。叶片从中心呈放射状向外伸展，随着不断生长，下部叶片向下弯曲。开可爱的粉色小花。应经常对叶片喷水，避免过分干燥，适合吊挂栽培。

- 生长类型 夏型种
- 尺寸大小 高20~30厘米

F

小精灵（丛生）
Tillandsia ionantha
凤梨科 铁兰属

流行非常广泛的一种空气凤梨，极具人气。容易生出子株，形成丛生。养成球形丛生是栽培此品种的最高乐趣。花期错落，银色、粉色、紫色的强烈对比十分夺人眼球。

- 生长类型 夏型种
- 尺寸大小 高5~8厘米

Ⓐ

多国花

Tillandsia stricta
凤梨科　铁兰属

叶片纤细柔韧，花朵美丽，是容易栽
培的人气品种。春季至初夏开花。膨
胀的粉色花序中的紫色小花影影绰
绰，美丽动人。开花后长出子株进行
繁殖。不耐干燥，每周可以喷水3次
左右。

● 生长类型　夏型种
● 尺寸大小　高约10厘米

Ⓑ

小蝴蝶

Tillandsia butzii
凤梨科　铁兰属

造型独特，叶片灵动蜿蜒，非常有特
色。习性喜水，须经常喷水。适合放
置在没有直射阳光、通风良好的环
境。开花时花序变为红色，开紫色的
筒状花。

● 生长类型　夏型种
● 尺寸大小　高20～25厘米

Ⓒ

三色铁兰

Tillandsia tricolor var. Melanocrater
凤梨科　铁兰属

三色原种的杂交种。花序和花瓣呈
红、黄、紫3种颜色，因而得名。与
母本相比体形略小，开花期花序会有
分叉。喜欢有充分日照且通风良好的
环境，养护时须防止根部腐烂。

● 生长类型　夏型种
● 尺寸大小　高10～20厘米

Ⓓ

费西古拉塔

Tillandsia fasciculata
凤梨科　铁兰属

直径和高度都可以长大约3倍的大型
种，银色叶片硬质尖锐，充分伸展开
后体积感十足，挺拔有力。能够很好
地附生在多孔质的岩石或仙人掌上，
生命力十分顽强。属于银叶种，需要
充足的日照。

● 生长类型　夏型种
● 尺寸大小　最高可达1米

Ⓔ

科比铁兰

Tillandsia kolbii
凤梨科　铁兰属

与小精灵十分相似，因而又名科比小
精灵。与小精灵的放射状外形相比，
科比铁兰的叶片只向同一个方向弯
曲。花为筒形，淡紫色，十分美丽。
每周需要喷水两次左右。

● 生长类型　夏型种
● 尺寸大小　高7～8厘米

Ⓕ

哈里斯

Tillandsia harrisii
凤梨科　铁兰属

银叶种中具有代表性的一种。叶片较
硬，厚肉质，覆盖着一层绒毛，呈现
迷人的银色。植株中心伸展出茁壮的
花茎，红色花序上开紫色花朵。可以
通过分株繁殖后垂挂装饰，也可以用
单株制作玻璃微景观。

● 生长类型　夏型种
● 尺寸大小　高20厘米以上

[苔藓]

大桧藓

Pyrrhobryum dozyanum
桧藓科　桧藓属

长5~10厘米的直立茎上长满了细密的柔软叶子，如同动物的尾巴一般，因而别名"鼬鼠的尾巴"。明亮的黄绿色在阳光照耀下美不胜收，冬季干燥时会褪成黄色，须及时补水。

包氏白发藓

Leucobryum bowringii Mitt.
白发藓科　白发藓属

别名"面包苔藓"，圆滚滚的如面包状一团一团密集丛生，是苔藓园艺中备受器重的一类，具有较高的观赏性，几乎是每一个盆景中不可或缺的部分。种入花盆时一般需要铺上混合了碎杉树皮或碎桧树皮的培养土，以达到排水良好不闷热的目的。

桧叶金发藓

Polytrichum juniperinum
金发藓科　金发藓属

日式庭院中栽培最广泛的苔藓之一，阳光照耀下呈现非常迷人的光泽与色彩。叶片表面有负责进行光合作用的薄片，因此可以自食其力从空气中获取水分，防止干燥，所以不需要特别养护。

梨蒴珠藓

Bartramia pomiformis
珠藓科　珠藓属

大型苔藓，拥有被称为"孢蒴"的球形孢子囊。植株呈明亮的绿色，却又十分纤细，娇嫩的姿态非常可爱，因此在苔藓盆栽或微景观中经常使用。盆栽时也可使用孢子播种法进行繁殖。

A

纤枝短月藓

Brachymenium exile

真藓科　短月藓属

分布非常广泛，是生活中最常见的一种苔藓植物，密集生长在光照良好的泥土上、道路的石缝中、墙脚等地方。可以整体取下后采用贴苔法移植到花盆或玻璃瓶中。即使干燥也不会发白，体质十分强健。不需要频繁浇水。

B

羽藓

Thuidium

羽藓科　羽藓属

多数生长在日荫的湿地或岩石上，一大片匍匐性生长。漂亮的叶片形状与蕨类植物类似。即使变干燥叶片也不会萎缩，因此不仅适合做苔藓球或用来装饰微景观玻璃瓶，也很容易附生于流木或多孔质的石头上。

C

羽枝青藓

Brachythecium plumosum

青藓科　青藓属

细茎不规则分枝，匍匐性生长并繁殖，形成薄薄的草垫。尽管密度不高，但可以很牢固地附着在地面上生长。属于苔藓中极易培养的类型。栽种的时候如果泥土很干燥，会影响发芽，因此浇水要浇足浇透。

D

庭园白发藓

Leucobryum juniperoideum

白发藓科　白发藓属

生长在地面、杉树根等地方的山苔藓。厚实的叶片长得十分密集，形成可爱的圆垫状，非常适合进行盆栽。不过，由于密度太高，浇水太多的话很容易闷热，就会褪成白色，因此要避免太过潮湿。

E

地钱

Marshantia polymorpha

地钱科　地钱属

根、茎、叶的区别不明显的叶状体。叶片背面的杯状器官里有大量的无性芽，可以向四周繁殖出许多地钱。喜欢潮湿的环境，根部紧紧附着在地面上，很快就能蔓延开一大片，很难去除。

曲尾藓

Dicranales

曲尾藓科　曲尾藓属

分为几个不同的种类，性质各不相同，但基本上都有毛毛的足成簇生长，植株比较高，很有立体感。室内栽培时应将曲尾藓较深地种入腐叶土中，每隔2～3周用喷壶喷一次水，使表面保持湿润，并放置在没有直射阳光的地方。

大灰藓

Hypnum plumaeforme

灰藓科　灰藓属

左右分枝生长，形成如绒毯般大大的厚草垫。无论干燥或是潮湿都能很好适应，因此比较容易栽培。不过不喜欢夏天的闷热，春夏两季可浇足量水分后遮上网或竹帘。

蛇苔

Conocephalum conicum

蛇苔科　蛇苔属

叶片表面会出现蛇纹，因而得名。另有小蛇苔等同属苔藓。喜欢生长在山地潮湿的地面上，会散发出与鱼腥草比较相似的独特臭味。

丛藓

Pottiaceae

丛藓科　扭口藓属

植物体很微小，但生长很密集，因此能够形成非常大规模的群体。干燥时叶片边缘向内卷缩。正是因为叶片的这种卷曲形态才得名扭口藓属。缺水时叶片变为褐色，补水后叶片就能恢复成绿色。

长肋青藓

Brachythecium populeum

青藓科　青藓属

喜欢阴凉环境，茎易分枝，向着不规则方向匍匐生长，形成大片草垫。很容易在泥土上成活，因此通常被用于制作苔藓球，或作为庭院中的底草。日常养护中无须特别照料，只需要保证一定程度的水分即可。

[兰花]

Ⓐ

堇花兰

Oncidium
兰科 文心兰属

不管是哪一种兰花，都没有一定的开花时间。新芽开始长出，假鳞茎形成后才会在上面长出花芽。增加的假鳞茎可分株成新的兰花植株。如果叶片和假鳞茎的颜色变深，则说明光照不足。

● 生长类型　复茎型
● 尺寸大小　高10～70厘米

Ⓑ

迪黛丽

Angraecum didieri
兰科 风兰属

马达加斯加原产的小型种。叶片左右互生，花茎短小，顶端开白色花，芬芳扑鼻。植株虽小，花却很大型，且花期不固定。不耐寒，冬季应注意控制室内温度。约三年进行一次移栽。

● 生长类型　单茎型
● 尺寸大小　高10～50厘米

Ⓒ

澳洲石斛兰

Dendrobium Proud Appeal
兰科 澳洲石斛属

花朵颜色为粉紫色渐变，植株强健，可以长久栽培。从初夏到秋天都应有40%左右的遮光，其他季节应给予充分的光照。

● 生长类型　复茎型
● 尺寸大小　高40～50厘米

Ⓓ

澳洲秋石斛（金氏石斛）

Dendrobium kingianum
兰科 澳洲石斛属

原产于日本的小型石斛。假鳞茎顶部长出花茎，结出很多花蕾。从花蕾逐渐膨胀开始直到完全开花，须施以足量水分。叶片上也应经常用喷雾器进行喷雾。

● 生长类型　复茎型
● 尺寸大小　高15～50厘米

Ⓔ

阿波罗伊迪丝

Eria aporoides
兰科 毛兰属

厚肉质叶片为厚重的绿色，乍一看会让人误以为是多肉植物。开花期会有可爱的白色花朵呈穗状排列其上，不过即使没有开花，也可以作为观叶兰花供人观赏。

● 生长类型　单茎型
● 尺寸大小　高5～40厘米

A 兜兰

Paphiopedillum
兰科 兜兰属

生长在覆盖着苔藓的岩石或湿地上的地生兰花。因为没有大多数洋兰都有的假鳞茎，因此非常不耐干旱。移植后应注意保持一定的水分。不喜阳光，应常年遮光培育。控制施肥量。

● <u>生长类型</u> 单茎型
● <u>尺寸大小</u> 高20厘米～1米

B 火红尾萼兰

Masdevallia ignea
兰科 尾萼兰属

自生于南美洲安第斯山脉高海拔地带的小型洋兰。花瓣以外的萼片也很发达，因此花朵造型十分独特。不耐高温，很难栽培。夏季可以用喷壶对叶片频繁喷冷水，尽可能地使植株保持健康。

● <u>生长类型</u> 复茎型
● <u>尺寸大小</u> 高10～20厘米

C 迷你蝴蝶兰

Midi phalaenopsis
兰科 蝴蝶兰属

大众所熟悉的蝴蝶兰的迷你版。体形小巧，可装饰在任意地方，开花后造型也十分优美。夏季注意遮光，秋季至春季可以透过玻璃窗进行光照。花朵凋谢可以剪茎，从茎节处仍会萌出花芽，二次开花。

● <u>生长类型</u> 单茎型
● <u>尺寸大小</u> 高15～50厘米

D 华彩文心兰

Oncidium splendidum
兰科 文心兰属

原产于危地马拉、洪都拉斯的多年生草本植物，文心兰的原种。花茎长可达1米，顶端开花瓣略厚的黄色大花。水分过多的话会引起根部腐烂，因此除夏季以外应保持一定程度的干燥。

● <u>生长类型</u> 复茎型
● <u>尺寸大小</u> 高20厘米～1米

E 足柱兰

Dendrochilum
兰科 足柱兰属

别名穗花一叶兰。茎纤细修长，沿着茎长出两列有序排列的黄色花，呈弓形外弯或俯垂。放置于明亮且通风良好的环境，花枯萎后从根部切除。

● <u>生长类型</u> 复茎型
● <u>尺寸大小</u> 高30～40厘米

F 澳洲石斛 "绿爱"

Angel Baby"Green Ai"
兰科 澳洲石斛属

澳洲石斛属的小型种。全株开满白色花，与深绿色的叶片对比强烈，十分清新。每2～3年移植一次，或者当假鳞茎出现10株以上时进行分株。最适宜的季节是春季。

● <u>生长类型</u> 复茎型
● <u>尺寸大小</u> 高10～70厘米

TANIKU SHOKUBUTSU AIR PLANTS KOKE RAN DE TSUKURU HAJIMETE NO
TERRARIUMS
© SUEKO KATSUJI 2016
Originally published in Japan in 2016 by X-Knowledge Co.,Ltd.
Chinese (in simplified character only) translation rights arranged with
X-Knowledge Co.,Ltd.

图书在版编目（CIP）数据

萌萌的玻璃瓶微景观 ／（日）胜地末子著 ； 王方方
译. — 北京 ： 北京美术摄影出版社，2019.9
ISBN 978-7-5592-0246-8

Ⅰ. ①萌… Ⅱ. ①胜… ②王… Ⅲ. ①观赏园艺
Ⅳ. ①S68

中国版本图书馆CIP数据核字 (2019) 第010883号

北京市版权局著作权合同登记号：01-2018-1908

责任编辑：耿苏萌
责任印制：彭军芳

萌萌的玻璃瓶微景观
MENGMENG DE BOLIPING WEIJINGGUAN

[日] 胜地末子　著

王方方　译

出　版　北京出版集团公司
　　　　北京美术摄影出版社
地　址　北京北三环中路6号
邮　编　100120
网　址　www.bph.com.cn
总发行　北京出版集团公司
发　行　京版北美（北京）文化艺术传媒有限公司
经　销　新华书店
印　刷　天津联城印刷有限公司
版印次　2019年9月第1版第1次印刷
开　本　787毫米 × 1092毫米　1/16
印　张　8
字　数　70千字
书　号　ISBN 978-7-5592-0246-8
定　价　59.00元

如有印装质量问题，由本社负责调换
质量监督电话　010-58572393